U0272773

HUMANITIES AND SOCIETY

灾异手记

人类、自然和气候变化

Elizabeth Kolbert

[美国] 伊丽莎白·科尔伯特 著 何恬 译

译林出版社

图书在版编目（CIP）数据

灾异手记／（美）科尔伯特（Kolbert, E.）著；何恬译.
—南京：译林出版社，2012.4
（人文与社会译丛/刘东主编）
书名原文：Field Notes From a Catastrophe
ISBN 978-7-5447-2637-5

Ⅰ.①灾…　Ⅱ.①科…②何…　Ⅲ.①人类活动影响-气候变
化-研究　Ⅳ.①P461

中国版本图书馆CIP数据核字（2012）第023314号

书　　名　灾异手记
作　　者　[美国]伊丽莎白·科尔伯特
译　　者　何　恬
责任编辑　马爱新
原文出版　Bloomsbury
出版发行　凤凰出版传媒集团
　　　　　凤凰出版传媒股份有限公司
　　　　　译林出版社
集团地址　南京市湖南路 1 号 A 楼，邮编：210009
集团网址　http://www.ppm.cn
出版社地址　南京市湖南路 1 号 A 楼，邮编：210009
出版社网址　http://www.yilin.com
电子信箱　yilin@yilin.com
经　　销　凤凰出版传媒股份有限公司
印　　刷　江苏凤凰扬州鑫华印刷有限公司
开　　本　880×1230 毫米　1/32
印　　张　6.125
插　　页　4
字　　数　133 千
版　　次　2012 年 4 月第 1 版　2012 年 4 月第 1 次印刷
书　　号　ISBN　978-7-5447-2637-5
定　　价　25.00 元
　　　　　译林版图书若有印装错误可向承印厂调换
　　　　　（电话：025-83658316）

主　编　的　话

刘　东

　　总算不负几年来的苦心——该为这套书写篇短序了。

　　此项翻译工程的缘起,先要追溯到自己内心的某些变化。虽说越来越惯于乡间的生活,每天只打一两通电话,但这种离群索居并不意味着我已修炼到了出家遁世的地步。毋宁说,坚守沉默少语的状态,倒是为了咬定问题不放,而且在当下的世道中,若还有哪路学说能引我出神,就不能只是玄妙得叫人着魔,还要有助于思入所属的社群。如此嘈嘈切切鼓荡难平的心气,或不免受了世事的恶刺激,不过也恰是这道底线,帮我部分摆脱了中西"精神分裂症"——至少我可以倚仗着中国文化的本根,去参验外缘的社会学说了,既然儒学作为一种本真的心向,正是要从对现世生活的终极肯定出发,把人间问题当成全部灵感的源头。

　　不宁惟是,这种从人文思入社会的诉求,还同国际学界的发展不期相合。擅长把捉非确定性问题的哲学,看来有点走出自我围闭的低潮,而这又跟它把焦点对准了社会不无关系。现行通则的加速崩解和相互证伪,使得就算今后仍有普适的基准可言,也要有待于更加透辟的思力,正是在文明的此一根基处,批判的事业又有了用武之地。由此就决定了,尽管同在关注世俗的事务与规则,但跟既定框架内的策论不同,真正体现出人文关怀的社会学说,决不会是医头医脚式的小修小补,而必须以激进亢奋的姿态,去怀疑、颠覆和重估全部的价值预设。有意思的是,也许再没有哪个时代,会有这么多书生想要焕发制

1

度智慧,这既凸显了文明的深层危机,又表达了超越的不竭潜力。

于是自然就想到翻译——把这些制度智慧引进汉语世界来。需要说明的是,尽管此类翻译向称严肃的学业,无论编者、译者还是读者,都会因其理论色彩和语言风格而备尝艰涩,但该工程却绝非寻常意义上的"纯学术"。此中辩谈的话题和学理,将会贴近我们的伦常日用,渗入我们的表象世界,改铸我们的公民文化,根本不容任何学院人垄断。同样,尽管这些选题大多分量厚重,且多为国外学府指定的必读书,也不必将其标榜为"新经典"。此类方生方成的思想实验,仍要应付尖刻的批判围攻,保持着知识创化时的紧张度,尚没有资格被当成享受保护的"老残遗产"。所以说白了:除非来此对话者早已功力尽失,这里就只有激活思想的马刺。

主持此类工程之烦难,足以让任何聪明人望而却步,大约也惟有愚钝如我者,才会在十年苦熬之余再作冯妇。然则晨钟暮鼓黄卷青灯中,毕竟尚有历代的高僧暗中相伴,他们和我声应气求,不甘心被宿命贬低为人类的亚种,遂把迻译工作当成了日常功课,要以艰难的咀嚼咬穿文化的篱笆。师法着这些先烈,当初酝酿这套丛书时,我曾在哈佛费正清中心放胆讲道:"在作者、编者和读者间初步形成的这种'良性循环'景象,作为整个社会多元分化进程的缩影,偏巧正跟我们的国运连在一起,如果我们至少眼下尚无理由否认,今后中国历史的主要变因之一,仍然在于大陆知识阶层的一念之中,那么我们就总还有权想象,在孔老夫子的故乡,中华民族其实就靠这么写着读着,而默默修持着自己的心念,而默默挑战着自身的极限!"惟愿认同此道者日众,则华夏一族虽历经劫难,终不致因我辈而沦为文化小国。

一九九九年六月于京郊溪翁庄

献给我的儿子们

目　录

序　言

　　如果有机会入住北极饭店（Hotel Arctic）的话，那么，除了观察眼前不断漂过的冰山，你几乎没有其他的事情可以做。这家饭店坐落于格陵兰岛西海岸的伊路利萨特，纬度比北极圈还要高 4 度。冰山群产生于绵长且又流动迅速的雅各布港冰川的末端，离此大约五十英里①。这些冰山先是顺着一个峡湾漂流而下，随后又通过一个出口开阔的海湾，如果它们坚持得够久，最终将汇入北大西洋。（泰坦尼克号当年遭遇的冰山很可能就是顺着上述路线漂流的。）

　　对于下榻北极饭店的观光客来说，冰山群是一道足够震撼的风景：美丽与恐怖之感几乎是同等强烈。它们揭示了自然的广袤和人类的渺小。当然，对于那些长期居住在伊路利萨特的格陵兰岛本地人、欧洲导游和美国科学家们来说，冰山群则开始有了另一重不同的意义。自 1990 年代晚期开始，雅各布港冰川的流动速度已经

---

　　① 科学语言采取的是公制单位，但绝大多数的英美读者却习惯于用英尺、英里和华氏温度来表达和思考。行文中，我尽可能采取英式单位，当然在明显更适用公制单位的地方，我也使用了公制单位。例如，碳排放量的标准量度是公吨。1 吨则相当于 2205 磅。——作者按

1

加倍。在此进程中,冰川的海拔高度以每年大约五十英尺的速度迅
1 速降低;与此同时,冰裂线(the calving front)也后撤了数英里。由
此,尽管冰山群依然宏伟壮观,但当地人如今关注的已再不是它们
的伟力或巨大,而是它们令人不安的衰减。

"你再也看不到大的冰山群了。"伊路利萨特的市议会议员耶
雷米亚斯·詹森(Jeremias Jensen)对我说。春末的一个下午,我们一
起在北极饭店的大厅里喝咖啡。窗外雾蒙蒙的,冰山群看上去像是
从雾中长出来似的。"这几年的天气极端反常,你能看到许多奇怪
的变化。"

本书观察的正是地球发生的变化。全书由我 2005 年春季为
《纽约客》杂志撰写的三篇文章发展而成,其目标与原先的系列文
章完全一致,即尽可能生动地传达出全球变暖的现实。本书开头几
章的故事都发生在北极圈附近或是北极圈内,比如阿拉斯加的戴
德霍斯、雷克雅未克郊外的农村,还有格陵兰冰原上的考察站——
瑞士营。我去上述特殊的地方皆是出于新闻工作者的惯常缘由:或
是因为有人邀请我随访探险活动,或是因为有人允许我搭乘直升
机,或是因为有人在电话里听起来非常有趣。上述理由对接下来几
个章节的地点选择也仍然有效。无论是决定去英格兰北部追踪蝴
蝶,还是去荷兰参观漂浮房子,都是如此。全球变暖的影响如此之
广,我可以访问不说数以千计也有数以百计的地方(从西伯利亚到
奥地利的阿尔卑斯山脉,从大堡礁到南非的灌木群),去记录下它
2 的影响。这些不同的选择,也许在叙述细节上各不相同,但结论却
将是一致的。

人类不是第一个使大气发生改变的物种,那一殊荣属于 20 亿
年前最先开始光合作用的细菌。但我们是第一个能够对自己的行
为进行思考的物种。计算机针对地球气候做出的模型表明,一个危
险的临界点正在逼近。想要碰触它很容易,但想要倒退却几乎是不

可能的。本书第二部分探讨的是科学与全球变暖的政治学之间、我们已经知道的东西和我们拒绝知道的东西之间的复杂关系。

　　我希望每个人都来读这本书，不仅仅是那些密切关注最新气候消息的人，而且也包括那些喜欢忽略此类消息的人。无论是好是坏（多半是后者），全球变暖是个大规模问题，大量的相关数据可能令人望而生畏。我在避免过度简化的基础上试图呈现出基本的事实。与此同时，我也努力将科学理论探讨的比重降到了最低，而尽可能地充分运用描述来向读者传达那些生死攸关的危急现实。　　3

第一部分

自　然

第一章

阿拉斯加的希什马廖夫村

　　阿拉斯加的希什马廖夫村位于萨里切夫岛上，后者距离苏厄德半岛约 5 英里。萨里切夫是一个小岛，只有 0.25 英里宽，2.5 英里长，希什马廖夫村差不多就是岛上仅有之物。小岛除了北面是楚科奇海，周边其余地区都属于白令大陆桥国家保护区，而后者或许可以算作是美国最为人迹罕至的国家公园了。该大陆桥是因为海平面下降三百多英尺而得以浮出海面的陆地，在末次冰期（ice age）中逐渐扩展到将近一千英里宽。而白令保护区就坐落在这座大陆桥经历了一万多年的气候回暖后仍然位于水面之上的部分。

　　希什马廖夫（人口数为 591 人）是一个因纽特人的村落。几个世纪以来，这个村落一直有人（至少是季节性地）居住在这里。和阿拉斯加当地的许多村庄一样，这里的生活通常都令人困惑地将非常古老的部分与十足现代的部分结合在了一起。希什马廖夫村几乎所有的村民至今仍靠打猎维持生计，除了主要的猎物髭海豹外，人们也捕猎海象、驼鹿、兔子和候鸟。我在四月的一天来到了这个村庄。此时正值春季融雪，捕猎海豹的季节即将来临。（村民们通常将处理好的猎物储藏在雪下面，我在村子里闲逛的时候，就差点被去年贮存的、已经从雪里露出来的猎物绊倒。）中午，村里的运输规

7

划员托尼·韦尤安纳(Tony Weyiouanna)邀请我去他家共进午餐。在客厅里，一台巨大的电视机正调在当地的公众电视频道上。摇滚乐声中，"向以下长者问候生日快乐……"的字幕正在银屏上滚动播出。

传统上，希什马廖夫的男人们都是在海洋冰面上架着狗拉雪橇去捕猎海豹，而近来则更多使用的是雪地汽车。当男人们将海豹拉回村庄后，妇女们负责剥皮和腌制，整个过程将会持续数周。1990年代初，捕猎者们发现海洋冰面开始发生某种变化。（虽说"爱斯基摩人有数百个形容冰的词汇"是个夸张的说法，但因纽特人确实能区分出诸多不同类型的冰，包括了指代幼冰的 sikuliaq、指代浮冰的 sarri 和指代陆冰的 tuvaq。）这里的冰从深秋开始凝结，到了早春开始融化。以往，人们驱车到20英里以外都是可能的，但是现在，当海豹到来的时候，离岸10英里的地方，冰仍是糊状的。韦尤安纳形容其硬度如"雪泥"（slush puppy）一般。当你碰到这种冰，他说"你就得开始头发直竖，瞪大眼睛，几乎不敢眨一下"。驾驶雪地汽车出去打猎变得太危险，人们不得不弃车而用船。

不久，海冰的变化还带来了其他诸多问题。即便以其最高点计算，希什马廖夫村也只比海平面高出了22英尺。村里的房子大多数由美国政府修建，又小又矮，且不十分坚固。以往当楚科奇海很早就结冰之时，冰层对村庄起到了保护作用，就像防水布保护游泳池免被大风搅浑一样。但当楚科奇海推迟结冰后，希什马廖夫村在暴风雨的冲击面前就显得愈加脆弱了。1997年10月的那场暴风雨就冲走了小镇北边约125英尺宽的狭长地带。一些房子被摧毁，十几座房屋不得不迁移到别处。在2001年10月的另一场暴风雨中，这座村庄受到了12英尺高的巨浪的威胁。2002年夏季，希什马廖夫村的居民以161票对20票投票决定，将整个村庄迁移到大陆上去。2004年，美国陆军工程兵团已经完成了对可能迁移地点的勘察。被设想为新村庄地点的大多数地方和萨里切夫一样偏远，没有公路，附近没有城市，甚至连定居点也没有。据估算，整个的迁移工程将花费美国政府 1.8 亿美元。

与我交谈过的希什马廖夫人对计划中的搬迁表现出了分裂的情绪。一些人担心，离开了这座小岛，他们就会丢掉与海洋的联结，产生某种失落感。"这将使我觉得孤独。"一名妇女说。另一些人则为可能获得的某些便利（比如希什马廖夫所没有的自来水）而感到喜悦。不过，这里的每个人似乎都认为，村庄如今的处境已经是岌岌可危，而未来只可能更糟。 9

莫里斯·基尤特拉克（Morris Kiyutelluk）是一位在希什马廖夫村生活了一辈子的 65 岁老人。（他告诉我，他姓氏的含义是"不含着木匙"。）我是在村里教堂的地下室闲逛时遇上他的。这个地方也是一个叫"希什马廖夫侵蚀与搬迁联盟"的非官方团体的总部所在地。"当我第一次听到全球气候变暖时，我并不相信那些日本人，"基尤特拉克告诉我，"但他们的确有一些很好的科学家，气候变暖如今已经变成了事实。"

1979 年，美国国家科学院开始了有关气候变暖的首次重要研究。彼时，气候建模尚处于初级阶段，只有很少的几个团体曾仔细考虑过向大气增排二氧化碳将会导致的后果。其中的一个团队是由美国国家海洋与大气局的真锅淑郎（Syukuro Manabe）领导的，而另一个则是由美国国家航空航天局戈达德空间研究中心的詹姆斯·汉森（James Hansen）领导的团队。他们得出的结论让人非常担心，以至于卡特总统要求国家科学院对此展开调查研究。于是，科学院任命了一个由九人组成的专门小组，来自麻省理工学院的著名气象学家朱尔·查尼（Jule Charney）担任组长。1940 年代，查尼是第一位证明了数值天气预报具有可行性的气象学家。

这个二氧化碳及气候问题的特别研究小组，或称查尼小组，在马萨诸塞州伍兹霍尔（Woods Hole）的国家科学院夏季研究中心开了五天的会，会议的结论很明确。小组成员试图寻找出建模工作的缺陷，但最终却一无所获。科学家们写道："如果二氧化碳持续增加，那么研究小组找不到任何理由来怀疑全球气候将会发生变化，也没有任何理由相信这些变化是微不足道的。"他们估计，大气中的二氧化碳比前工业化时期翻一倍，这也就可能使全球的温度上升2.5到8华氏度。因为气候系统生来就具有滞后性，小组成员无法确定已经开始的变化将在何时清晰地显现出来。大气中二氧化碳含量增加的后果是打破地球的"能量平衡"。根据物理学的定律，为了恢复平衡，包括海洋在内的整个地球都将升温。查尼小组认为，这一过程将可能持续"数十年"。由此，坐等气候变暖的证据以证明建模准确性这种看起来最为保守的方式，恰可能是最为冒险的策略："在二氧化碳的负载大到明显的气候变化已不可避免之前，人们可能不会得到任何警告。"

距离查尼小组发布上述报告，已经过去了二十五年。在这段时间内，美国人已经无数次地被警示全球变暖将会带来危险，即便只是翻印这些警告中的一小部分就已经是洋洋几大卷了。事实上，人们已经撰写了不少书籍，记录引起大众对此问题关注的种种努力。（从查尼报告开始，仅国家科学院一家，便已就此话题展开了近二百种研究，包括"气候变化的辐射力"，"了解气候变化的反馈"和"温室效应导致气候变暖的政策意涵"等等。）然而，也正是在这二十五年间，全世界的二氧化碳排放量仍在持续上升，从每年50亿吨增长到了每年70亿吨，同时，地球的温度也恰如真锅淑郎模型和汉森模型所预测的那样，正处于稳步上升之中。1991年以前，1990年是最热的年份，而1991年也是同样的热。随后的几乎每一个年份都越来越热。到写作本书时为止，1998年是自有仪表温度记录以来温度最高的年份；2002 年和 2003 年紧随其后，并列第二位；2001 年居第三；2004 年为第四。由于气候天生就处于变化之中，很难推断究竟什么时候，自然变化不是造成气候变化的唯一原因。2003 年，美国最大也是最受尊重的科学团体之一——美国地球物理协会（The American Geophysical Union）断定，该问题已经有了答案。在当年的年会上，协会发布的共识声明宣布："自然影响无法解释全球近地表温度的迅速增高。"根据精心的研究和推测，现在的世界比过去两千年中的任何时间都要暖和，如果这一趋势继续下去，气温到本世纪末将达到过去两百万年的最高点。　　12

　　同样地，全球变暖已经不再只是一个学说，它的影响也不再只是一种假设。世界上几乎每一个主要的冰川都在收缩。冰川国家公园里的那些冰川消退得如此迅速，以至于人们估计它们将会在 2030 年完全消失。海洋不仅在变热，而且酸性也增加了；昼夜温差也在逐渐缩小；动物们的活动范围逐渐向南（北）极移动；植物的花期会比过去提前数天，有的甚至是数周。上面提及的都是查尼小组警告人们不能观望等待的警报信号。虽然在地球上的许多地方这些信号仍微弱得几乎可以被忽略，但在某些地方，这些信号已经不能够再被忽视了。最为戏剧性的变化发生在诸如希什马廖夫这样人口最为稀少的地方。早期的气候模型也曾就全球变暖对于极北地区比例超重的影响做出过预报，当时，这些预报还只是以 FORTRAN 语言编写的一栏栏图表，而如今这些影响已经可以直接被测量和观察到了：北极正在融化。

　　就北极的大部分土地以及北半球几乎四分之一的土地（约 55 英亩）来说，其地下是永冻土。访问希什马廖夫数月之后，我又回到了阿拉斯加，与地球物理学家、永冻土专家弗拉基米尔·罗曼诺夫斯基（Vladimir Romanovsky）一起做横穿该州内地的旅行。我飞到了　13

费尔班克斯。罗曼诺夫斯基在阿拉斯加大学教书，而费尔班克斯正是其主校区的所在地。我到达时，这座城市正笼罩在浓密的烟雾之中，这烟雾看起来像雾，但闻起来却像燃烧着的橡胶。然而，不断有人告诉我已经够幸运了，如果提前两周来，这里烟雾的情况只能更糟。"连狗都戴上了防毒面具"，我遇到的一个女人说，我笑着表示不可思议。"我不是在开玩笑。"她对我说。

费尔班克斯是阿拉斯加的第二大城市，四周都是森林。事实上，每到夏天，这里的闪电都会引发森林火灾，致使空气中好多天都弥漫着烟雾。如果碰上不好的年头，烟尘甚至会持续数周之久。2004年夏天，森林火灾早在6月份就开始了，且直到两个半月后火仍在燃烧。我于8月下旬抵达之时，已有630万英亩的土地被焚烧，焚烧面积大致相当于新罕布什尔州的大小，创下了新的历史纪录。火灾的猛烈很显然与异常炎热干燥的天气有关。这一年，费尔班克斯的夏季平均温度为史上最高，而降雨量则是历史第三低。

我在费尔班克斯的第二天，罗曼诺夫斯基到饭店来接我去进行一次城市地下之旅。和许多永冻土专家一样，罗曼诺夫斯基来自俄罗斯。（大约就在决定在西伯利亚修建古拉格集中营的时候，苏联人开创了对永冻土的研究。）罗曼诺夫斯基是一位长着蓬松的棕色头发、方下巴和宽阔肩膀的男人。当年做学生的时候，他曾在职业曲棍球手和地球物理学家之间面临选择。罗曼诺夫斯基最终选择了后者，他对我说，那是因为"我当科学家似乎要比当曲棍球手更好一点点"。于是，他后来取得了两个硕士学位和两个博士学位。罗曼诺夫斯基来接我的时候是上午十点，由于到处都是烟雾，天看起来像刚刚破晓。

根据定义，任何一块保持结冰状态至少两年的土地即是永冻土。在一些地方，比如东西伯利亚，永冻土层大约有一英里深；在阿拉斯加，永冻土层从两三百英尺深的到两三千英尺深的都有。临近北极圈的费尔班克斯正好位于非连续性永冻土区域，这意味着这座城市里布满了结冰的地块。我们旅行的第一站是离罗曼诺夫斯基家不远的一块永冻土上的一个洞。这个洞大约 6 英尺宽，5 英尺深。不远处还可以看到其他的洞，有的比这个洞还大。罗曼诺夫斯基告诉我，这些洞都已经被当地的公共建设部门用砂砾填上了。当永冻土逐渐消融之时，这些被视作热融现象（thermokarst）的洞便突然出现，就好像一块正在被腐蚀的地板。（融化的永冻土的术语说法是"talik"，源自一个意为"不结冰"的俄语词汇。）罗曼诺夫斯基还指给我看马路对面一条延伸到森林里的长地沟。他解释道，这条沟是在一块楔形的地下冰融化之时形成的。原来紧贴深沟生长的云杉，或者可能是长在沟顶的云杉，现在以一种奇特角度倾侧着，就好像身处大风中一样。在当地，这种树被称作"醉汉"（drunken）。其中的少数云杉已经完全倒下了。"它们已经醉瘫了。"罗曼诺夫斯基说。

15

　　在阿拉斯加，土地上镶嵌着众多形成于上一次冰河作用中的冰楔。在冰河作用中，当冻土崩裂，水灌进了裂缝里。这些数十乃至数百英尺深的楔子往往呈网状分布，于是，当它们融化时，便留下了众多菱形或六边形的相互连接着的洼地。醉倒森林的另一边有一些街区，我们来到了其中的一座房子面前，它的前院留有冰楔融化的明显痕迹。房子的主人因地制宜地将其改造成了一个小型的高尔夫球场。在街区拐角，罗曼诺夫斯基提醒我注意一座基本上已经被切成两半的、不再有人居住的房子。房子的主体向右倾斜，而车库则向左倾斜。这座房子建于 1960 年代或是 1970 年代早期，一直维持到大约十年前，永冻土开始融解。罗曼诺夫斯基的岳母也曾经在这个街区拥有两栋房子。他说服她卖掉了它们。他指给我看其中的一栋房子，如今它已经有了新主人，然而它的屋顶上已经出现了一些看起来不太妙的褶皱。（罗曼诺夫斯基自己买房子的时候，他只在非永冻土的区域选择房子。）

"十年前，根本没有人会注意永冻土这回事，"他告诉我，"现在每个人都想知道。"罗曼诺夫斯基和他在阿拉斯加大学工作的同事所设置的测量点遍布费尔班克斯。这些测量表明，很多地方永冻土的温度已经上升到了零下 1 度以上。而对于那些被公路、房屋或草坪破坏的永冻土来说，其中的很大一部分已经开始融解。罗曼诺夫斯基也监测了北坡（North Slope）的永冻土层，发现那里的永冻土温度已经达到了将近 32 华氏度。尽管路基的热融现象和屋宅下融化的永冻土只是影响了周边（或之上）居民的生活，但变热的永冻土却影响重大，其后果远远超出了当地房产损失的范围。首先，永冻土是一种描绘长期温度走势的独特记录。其二，永冻土实际上是温室气体的贮存室。当气候变暖，这些气体就得到了重新被释放回大气的好机会，而这又将导致进一步的全球变暖。虽然永冻土的年龄很难估计，但罗曼诺夫斯基估计阿拉斯加的绝大部分永冻土也许可以追溯至上一冰河期的开端。这就意味着，这些永冻土一旦解冻，将是十二万多年以来的第一次。"这真是一个有趣的时间"，罗曼诺夫斯基对我说。

第二天早上七点，罗曼诺夫斯基开车来接我。我们计划从费尔班克斯驾车五百英里去北边普拉德霍湾（Prudhoe Bay）的戴德霍斯。罗曼诺夫斯基在那里设立了很多电子监测站，因此他每年至少需要去那里收集一次数据。由于通往那里的道路大半没有铺柏油或石砖，他临时租了辆卡车。卡车的挡风玻璃上有很多裂缝。当我暗示这可能是个问题时，罗曼诺夫斯基向我保证这就是"典型的阿拉斯加"。他还带了一大包立体脆（Tostitos）作为我们一路上的零食。

我们所走的道尔顿公路是为阿拉斯加的石油修建的。石油管道沿着马路,时而在左,时而在右。(由于永冻土的存在,石油管道大多就修在路面上,桩里含有氨水充当冷冻剂。)不断有卡车从我们身边驶过,一些车顶上捆着被砍下的驯鹿头,另一些车则属于阿拉斯加管道服务公司(Alyeska)。后者的卡车上写着令人不安的标语——"无人受伤"(Nobody Gets Hurt)。车开出费尔班克斯两小时后,我们开始穿过刚刚燃烧过的森林区域,然后是仍在闷燃冒烟的区域,最后是仍有零星火焰的地区。这景象有点像但丁笔下的世界,也有点像电影《现代启示录》中的情形。我们在烟雾中缓缓行进。几个小时后,到达了科尔德富特(Coldfoot)镇。据说此地是由1900年到达这里的一些淘金客命名的,他们到达这里后"双脚冰凉"①,于是就掉头回转了。我们在一个卡车停车场歇脚吃午饭,它几乎就是这个镇的全部。过了科尔德富特再往前走,我们就通过了林木线。一棵常绿植物上挂着一个牌子,上面写着——"阿拉斯加管道最北端的云杉:禁止砍伐"。可以想见,曾有人试图砍伐它。树干上的一道深口子被管道胶布包扎起来了。罗曼诺夫斯基告诉我,"我想这棵树快要死了。"

终于,大约下午五点的时候,我们到达了第一个监测站所在的岔路口。现在我们开始沿着布鲁克斯山脉的边缘行进,在傍晚阳光的照射下,群山看上去是紫色的。由于罗曼诺夫斯基的一个同事曾经有过(但从未实现)乘飞机到达这个监测站的梦想,所以,这座监测站的旁边有一个小型的简易机场,坐落在一条湍急河流的对岸。由于缺乏降水,小河的水不深,于是我们穿上胶靴,涉水过河。这一观测站由几根插入冻土带的桩、一块太阳能电池板、一个有大口径导线伸出的两百英尺深的钻孔,以及一个用来装电脑设备的形似冰箱的白色容器组成。去年夏天离地面数英尺安装的太阳能电池

18

---

① 英文"get cold feet",指胆怯,失去勇气。——编注

板,如今已经被搁在了灌木丛上。罗曼诺夫斯基起先猜测这是人为的恶意破坏,但后来通过更仔细的检查,发现这原来是熊的杰作。于是,当他连通笔记本电脑与白色容器中的某个监测仪之时,我的任务便是留心注意周围的野生鸟兽。

就像在煤矿里人会感到闷热一样——因热量从地心流出,离地面越深,永冻土的温度就越高。在平衡的条件下(也就是说,当气候是稳定的),凿孔中最高的温度应该是在底端,越接近地面,温度会稳步降低。在这种情况下,最低的温度将出现在永冻土的表层,由此,如果绘制曲线图的话,其结果便是一条斜线。最近几十年,阿拉斯加永冻土的温度线已经发生了弯曲。现在,你得到的图像已不再是一条直线,而更像一把镰刀。永冻土的最底端仍是最热的,但最顶端却不再是最冷的地方,中间成了最冷之处,从中间开始,越接近地面温度越高。这正是一个气候变暖的明确标志。

当我们的卡车颠簸在回戴德霍斯的路上时,罗曼诺夫斯基向我解释道:"我们很难考察大气中的温度变化,因为影响它的可变因素太多了。"原来他带上立体脆,抵抗的不仅是饥饿还有疲劳。他说,嘎吱脆响的声音可以让他保持清醒,现在很大一包立体脆已经大半空了。"如果某一年费尔班克斯周围的年平均温度是 0 度(即32 华氏度),你会说'哦,天气正在变暖'。另一年,年平均气温是零下 6 度(21 华氏度),于是,人们就会问'哪里? 全球变暖在哪里?'就大气温度来说,与干扰因素相比,气候变暖的信号会显得非常微弱。永冻土层就好比是一个低通过滤器(low-pass filter),所以我们考察永冻土温度比考察大气温度更容易发现温度变化趋势。"在阿拉斯加的大部分地区,自从 1980 年代早期开始,永冻土层的温度升高了 3 度。在该州的某些地方,温度则已经升高了将近 6 度。

当你在北极行走时,踩在你脚下的不是永冻土层,而是一种被

称为"活性层"（active layer）的土地。这种活性层随处可见，从几英 20
寸到几英尺深的都有。它们冬天冻结，夏天融化，是可供植物生长
的土壤。在条件足够好的地方，活性层上生长着高大的云杉；条件
不够好的地方，则灌木丛生；待到条件恶劣的地方，活性层上就只
能生长地衣了。生物在活性层的生长过程和在气候更为温和的地
区基本差不多，当然也存在着一个关键性的差异，即活性层的温度
太低，以至于树木和草死亡之后无法完全腐烂。于是，新的植物便
长在了半腐烂的旧植物之上，而当新的植物死亡后，则将再一次地
重复前面的过程。最终，通过一个冻融搅动（cryoturbation）的过程，
有机物被下推至活性层以下，进而进入了永冻层。在那里，有机物
将以一种植物学上的假死状态待上数千年。（在费尔班克斯，人们
在永冻土层里找到了上一冰期中期的草，这些草至今仍是绿色
的。）在这个意义上，就贮存积碳而言，永冻土层与泥炭沼或煤矿
十分相似。

　　而温度升高的危险之一便是：上述贮藏过程有可能朝着相反
的方向发展。在一定的环境条件下，那些被冻结了数千年的有机物
开始分解，释放出二氧化碳或者甲烷，而后者是一种更强大（虽然
短命）的温室气体。北极的很多地方，这一过程已经开始。例如，瑞
典的研究者已经测量斯图达伦（Stordalen）沼泽的甲烷输出量长达
35 年了。这个沼泽位于阿比斯库（Abisko）附近，也就是斯德哥尔摩 21
以北 900 英里的地方。由于这个地区的永冻土层温度升高，甲烷的
排放量业已增多，有的地方甚至增长了 60%。正在融化的永冻土层
使得活性层更加适合植物的生长，这或许可能消耗掉一部分碳。但
即便如此，仍然不足以抵消温室气体的排放。没人确切地知道全世
界的永冻土中到底储存着多少碳，但估计将达 4500 亿吨之巨。

　　"它就像是准备好的配料，只要稍稍加热，就可以烹调了。"罗
曼诺夫斯基告诉我。到达戴德霍斯后的第二天，我们在淅淅沥沥的

细雨中驾车前往另一个监测点。"我认为，它就是个定时炸弹，只等气候再暖一些就会爆炸。"罗曼诺夫斯基在帆布工作服外面套了一件雨衣。我也穿上了他为我带的雨衣。他又从卡车后面拉出了防水油布。

每次获得资助，罗曼诺夫斯基都会在他的网络中增设新的监测点。现在已有了 60 个监测点。当我们在北坡时，他把整个白天和部分的夜晚都用来从一个监测点奔波到下一个监测点——此地的日照一般会持续到将近十一点。在每一个监测点，例行程序几乎差不多。首先，罗曼诺夫斯基会将他的手提电脑与数据记录器连接起来，后者从前一个夏天起就每小时记录一次永冻土的温度。如果下雨了，罗曼诺夫斯基就会蹲伏在油布下面完成第一项步骤。然后，他会拿出一个"T"字形的金属探针，每隔一定间距将之插入地面测量活性层的厚度。这个探针大概有一米长，但现在却已经不够长了。夏季已经变得如此炎热，以致几乎所有的活性层都已经加厚了，有的加厚了几厘米，有的则增加了更多。在那些活性层特别厚的地方，罗曼诺夫斯基不得不想出了新的测量方法，即探针和木尺并用。（我则帮他把这些测量结果记录在他的防水田野笔记本上。）他解释道，最终，这些使活性层加厚的热量会继续向下发挥作用，使得永冻土层更加接近解冻点。"明年再回来"，他建议我。

我在北坡的最后一天，罗曼诺夫斯基的朋友尼古拉·帕尼科夫（Nicolai Panikov）来到了这里。他是位于新泽西的史蒂文斯理工学院的一位微生物学家。他计划搜集一些被称为嗜冷菌（psychrophiles）的喜好寒冷的微生物，好带回新泽西进行研究。帕尼科夫是想要确定，有机体是否能在那种据说曾在火星上发现的环境里存活。他告诉我，他坚信火星上有生命体存在，或者至少是曾经存在过。对于帕尼科夫的观点，罗曼诺夫斯基转了转眼珠表达他的意见，然而，他还是答应帮助帕尼科夫掘开永冻土来寻找到一些微生物。

　　同一天，我和罗曼诺夫斯基一起乘坐直升机飞到了北冰洋的一个小岛上，他曾经在那里设置过一个监测点。这个小岛位于北纬70度以北，是一大片灰暗凄冷的泥土地，只有小簇泛黄的植物点缀其间。那里布满了正在开始融化的冰楔，形成了一个多边形洼地网。天气又冷又湿，所以，当罗曼诺夫斯基蹲伏在油布下工作的时候，我便待在直升机上和飞行员聊天。他自1967年开始就生活在阿拉斯加。"自我来这里后，天气确实变热了，"他告诉我，"我真切地看到了这一变化。"

　　当罗曼诺夫斯基从油布下面钻出来后，我们决定在岛上走走。很显然，春天的时候这里曾是鸟类的栖居地，因为我们步伐所及，到处都是蛋壳的碎片和鸟的排泄物。这个岛的海拔只有10英尺，其边缘处大多是直降入海，十分陡峭。罗曼诺夫斯基指给我看岸边的一处地方，就在那里，前一个夏天很多的冰楔暴露出来。之后冰楔融化，后面的土地便崩塌成黑泥瀑布。罗曼诺夫斯基预计，未来几年里，将会有更多的冰楔暴露出来，然后融化，导致更进一步的侵蚀。虽然此处冰楔的融化进程与希什马廖夫村的在力学机制上有些不同，但却源于基本相似的原因，而且在罗曼诺夫斯基看来，很可能也会导致相同的结果。"又一个正在消失的岛屿，"他指着刚刚暴露出来的一些陡壁说，"它移动得非常非常快。"

　　1997年9月18日，一艘318英尺长、船体鲜红的破冰船德格罗塞耶（Des Groseilliers）号，从图克托亚图克镇出发，行驶在波弗特海上，在阴天里向北行进。德格罗塞耶号通常以魁北克市作为基地，供加拿大海岸警卫队使用，但在这次特殊的旅行中，它却载着一群美国地球物理学家，他们计划将船挤进一块浮冰之中。科学家们希望自己的船只与浮冰作为一体在北冰洋中漂浮，届时，他们将展开一系列的实验。探险队花了好几年时间做准备,在计划阶段,其组织者仔细考察了 1975 年一支北极探险队的考察成果。搭乘德格罗塞耶号的研究者们已经意识到北冰洋的海冰正在收缩。事实上,这正是他们所希望研究的现象。然而,他们仍是有些措手不及。参考 1975 年的探险资料,他们决定找到一座平均 9 英尺厚的浮冰。但当他们到达准备过冬的海域(北纬 75 度)时,不仅没有找到 9 英尺厚的浮冰,甚至就连 6 英尺厚的也很难找到。船上的一位科学家这样回忆他们当时的反应:"这就好比'我们全都穿戴整齐,却发现无处可去'。我们想象着给美国国家科学基金会的主办方打电话说:'你知道,我们根本找不到冰。'"

北极的海冰分为两种。一种是冬季形成夏季融化的季节冰,另一种是整年都保持坚固的永久冰(perennial ice)。在未受过专门训练的人看来,这两种冰看上去似乎都是一样的,但如果你舔一下,就会发现这是判断一块冰漂流了多久的好办法。当冰块在海水中逐渐冻结时,盐会从晶体结构中被析出。当冰越来越厚之时,析出的盐聚集在细小的海水囊中,高度浓缩以至于无法凝结。由此,如果你舔一块一年冰,冰会是咸的。但如果冰块冻结得足够久,这些海水囊会逐渐顺着微小的脉状管道流出去,冰的味道也就会越来越淡。所以,多年冰没有咸味,以至于把它融化了就可以直接饮用。

对于北极海冰最为精确的测量是由美国航空航天局借助于装有微波传感器的卫星完成的。1979 年,卫星数据表明,永久海冰大约有 17 亿英亩,大致相当于美国大陆的面积。海冰的面积年年不同,但从那年以后,整体的趋势却是明显在缩小。波弗特和楚科奇海的损失尤其巨大,西伯利亚和拉普捷夫海的耗损也相当大。与此同时,一种叫"北极涛动"(Arctic Oscillation)的大气环流模式大多处于被气候学家称之为"正值"的状态。这种正值的北极涛动表现为北冰洋上空由低气压控制,进而在极北地区制造大风和较高的温度。没有人确切知道北极涛动最近的表现到底是与全球变暖无关，还是正是其产物。如今，永久海冰已经萎缩了将近 2.5 亿英亩，相当于纽约、乔治亚州和得克萨斯州面积的总和。根据数学模型，即便长期的正值北极涛动，也只能是导致如此海冰损失的一部分原因。 26

当德格罗塞耶号起航之时，有关海冰厚度的变化趋势，我们手边几乎没有可用的信息。数年之后，有关于此的有限资料获得解密——这些资料是由核潜艇为着完全不同的目的而搜集的。这些资料显示，1960 年代至 1990 年代，北冰洋大部分地区的海冰厚度已经减少了将近 40%。

最终，德格罗塞耶号上的考察队员们决定，他们不得不在所能找到的最好的一座大浮冰上驻扎下来。他们选择了一座面积大约为三十平方英里的大浮冰。浮冰上的有些地方冰层有 6 英尺厚，当然也有些地方冰层仅有 3 英尺厚。考察队员们搭建起帐篷来摆放实验用品，同时，大家还订立了一个安全协定：每一个外出去冰上的人都必须有同伴陪同，并带上无线电设备。（许多人还带了枪，以防备北极熊的攻击。）一些科学家推测，由于冰层反常地单薄，在考察期间冰层可能会变厚。然而，事实却与这一推测完全相反。德格罗塞耶号与浮冰冻结在一起度过了将近十二个月。在此期间，船向北漂了 300 英里。然而，该年年底，冰的平均厚度就减少了，其中有些地点减少了差不多三分之一之多。到 1998 年 8 月，很多科学家因冰破落水，人们不得不在安全协定中加上了一条新的必须条款：任何准备下船的人都必须穿上救生衣。 27

* * *

裴洛维奇（Donald Perovich）研究海冰已经 30 年了，从戴德霍斯回来后不久的一个阴雨天，我去他位于新罕布什尔州汉诺威的办公室拜访了他。裴洛维奇服务于寒区研究和工程实验室（简称

 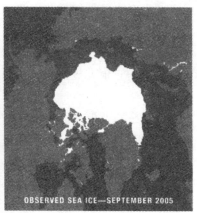

观察到的海冰——1979 年 9 月　　观察到的海冰——2005 年 9 月

近年来,北极永久海冰的覆盖范围已经显著减少。

引自 F. Fetterer 和 K. Knowles,《海冰索引》(*Sea Ice Index*),

美国国家冰雪数据中心

CRREL),它是美国陆军的一个下属机构,1961 年为预备一场天寒地冻的战争而设立。(当时的假定是,如果苏联入侵,他们也许可以从北部做同样的事情。)他是一个长着黑头发和非常黑的眉毛,举止认真的高个子。在德格罗塞耶号探险中,他担任了首席科学家。他的办公室里装点着那次探险拍回来的照片。其中,有船的照片、帐篷的照片,如果你仔细看,还可以在照片上发现北极熊。在一张画面呈颗粒状的照片上,一个人正扮成圣诞老人,在黑暗的冰上庆祝圣诞节。"这是你所能碰到的最有趣的事了",裴洛维奇向我形容这次探险道。

　　按照实验室简介上的个人履历记载,裴洛维奇所擅长的研究领域是"海冰和太阳辐射的相互作用"。在德格罗塞耶号探险期间,裴洛维奇大部分时间在用一种叫分光辐射度计(spectroradiometer)的仪器监测浮冰环境。朝向太阳时,分光辐射度计测量的是入射光,朝向地球时,测量的则是反射光。用后者除以前者可以得到一个数字,即"反照率"(albedo,这一术语源于拉丁文中用来形容"洁白"的词汇)。四五月间,浮冰上的环境相对稳定,裴洛维奇就会每周用分光辐射度计测量一次数据。到了六七八月,当浮冰环境发生迅速变化时,他便隔天测量一次。这种工作安排使他得以精确地绘制出反照率变化的曲线图,描绘了冰块表面的雪变成烂泥,进而由烂泥变成水坑,最终一些水坑融解,与下面的海水融为一体的全过程。

一个理想的白色表面应当能反射掉所有照射其上的光,因此其反照率应为1;而一个理想的黑色表面则应该吸收所有的光,反照率为0。总的来说,地球的反照率是0.3。这意味着略少于三分之一的照射在地球上的阳光又被反射回去了。使地球反照率发生变化的东西也改变了这行星吸收能量的多少,而这则可能产生惊人的结果。"它所涉及的都是简单的概念,但却是极其重要的,因此我喜欢它。"裴洛维奇告诉我。

当时,裴洛维奇让我试着想象一下,我们是在翱翔于北极上空的宇宙飞船中向下望地球。"这是个春天,冰都被雪覆盖着,看上去很亮很白,"他说道,"地球反射了超过80%的入射太阳光。反照率在0.8或0.9左右。但如果冰都融化了而仅仅剩下了海洋,那么海洋的反照率将不到0.1,大约在0.07。

"雪覆盖的冰不但反照率高,而且是地球上反照率最高的,"他接着说,"而水的反照率不仅仅低,并且是地球上最低的。因此,人们正在做的即是用最坏的反射镜置换最好的反射镜。"被暴露的水面越开阔,太阳能便会更多地加热海洋。其结果是一种正反馈,类似于融化永冻土和碳释放之间的那种反馈,只是更直接了。这种所谓的冰反照率回馈(ice-albedo feedback)被认为是北极迅速变暖的主要原因。

"当我们把冰融化成水,就向系统中加入了更多热量,这就意味着我们可以融化更多的冰,而后者又将增加更多的热,由此可以想见某种自我积累的循环。"裴洛维奇说,"仅仅给气候系统一个小小的推力,便可能扩大成一场巨变。"

寒区研究和工程实验室以东数十公里,离缅因州和新罕布什尔州边境不远,是一个叫麦迪逊巨石自然区(Madison Boulder Natural Area)的小公园。这个公园里最吸引人的(事实上也是唯一吸引人的)是一大块有两层楼高的花岗岩。麦迪逊巨石有 37 英尺宽,83 英尺长,1000 万磅重。它来自于怀特山,大约一万一千年前被放置在了现在的地点。这块石头正显示了当气候系统中相对微小的变化扩大后是如何导致巨大后果的。

从地质学上讲,我们现在生活在一个冰期之后的暖期。在过去的两百万年里,巨大的冰原周而复始地经历了二十多次如下的变化:先是增长延伸覆盖了整个北半球,然后又逐渐消退。(不言而喻,冰原每一次大的伸展抹去了此前地表变化的痕迹。)最近一次的冰原伸展大约发生在十二万年前,人们称之为威斯康星冰期。在此冰期内,冰从斯堪的纳维亚、西伯利亚和哈得逊湾附近高地的中心向外匍匐延伸,逐渐扩展为横跨现在的欧洲和加拿大。当冰原到达其最南端之时,新英格兰地区、纽约以及中西部地区北部的大部分地方都被一英里厚的冰所覆盖。冰原是如此之重,挤压泥土硬的外层,以至于将之压入地幔。(在一些地方,被称为均衡反弹[isostatic rebound]的复原过程今天仍在进行。)当冰雪消退,如今的这一次"间冰期"(即全新世)拉开序幕,作为终碛垄的长岛(Long Island)便是上次冰期冰原留下的众多地标之一。

众所周知(或者至少说人们几乎普遍接受的说法是),冰川循环(glacial cycles)是由地球轨道中微小的周期性变化引发的。由其

31

他行星之万有引力等多种因素导致的这些轨道变化，改变了不同季节不同纬度的阳光分配，而这些轨道变化又是按照十万年才能完成一次的复杂循环发生的。当然，单凭轨道变化自身，还不足以产生能够带走麦迪逊巨石的那种巨大冰原。

劳伦太德（Laurentide）大冰原绵延了大约五百万平方英里。其压倒性的巨大面积是回馈作用的结果，大约和上文所述在北极地区研究的回馈相类似，只是作用过程刚好相反。当冰蔓延开去，反照率提高了，于是导致吸热的减少和冰雪的进一步增多。同时，由于一些尚未完全弄清的原因，当冰原拓展，二氧化碳的含量减少：在最近的几次冰河作用中，二氧化碳水平的降低几乎正好与温度的降低同步。而在每一个暖期，当冰消退之时，二氧化碳的含量又重新升高。研究这类历史的专家断定，冷期和暖期之间的温差至少有一半是由温室气体聚集过程中的变化所导致。

我在寒区研究和工程实验室的时候，裴洛维奇带我去见了他的一个同事约翰·韦瑟利（John Weatherly）。在韦瑟利办公室的门上贴着一张准备（非法）贴在越野车保险杠上的贴纸。上面写着——我正在改变气候！请向我追问！韦瑟利专攻气候建模。在过去的几年里，他和裴洛维奇一起致力于将从德格罗塞耶号探险中收集来的数据转化成计算机的运算法则，以运用到气候预报里去。韦瑟利告诉我，若干气候模型（全世界正在使用的主要模型大概有 15 种）已经预言，北极地区覆盖的常年海冰将在 2080 年前完全消失。到那时，虽然冬季里还会继续形成季节性的冰，但夏季的北冰洋则会完全处于无冰状态。"那时我们虽都不在人世了，"他说，"但我们的子孙却还活着。"

稍后，当回到他的办公室，裴洛维奇和我谈起了对北极地区的长期展望。裴洛维奇提到地球的气候系统是如此广大，因此它并不那么容易被改变。"一方面，你想，这是地球的气候系统，它是巨大的,也是强健的。事实上,它也必须是有点强健的,否则气候就会变化无常。"另一方面,气候记录也表明,那种认为变化总是会以渐变形式到来的假设将是一个错误。裴洛维奇说起了他从一位冰河学家朋友那里听来的比喻。这位朋友把气候系统比作是一条划艇:"你可以倾斜,然后回来。倾斜,回来。但最终你再倾斜,就只能达到另一个平衡状态,船已经彻底翻了。"

裴洛维奇说他很喜欢一个地域性的类比。"在附近的草地上骑车时,我这样想:在你骑车经过的原野中央有一些花岗岩巨石。或者说,在起伏的小山上一块巨大的花岗岩石块挡住了去路。你无法绕过石块。因此,你必须推动它。于是,你开始摇动它,你得到了一群朋友的帮助,他们也开始摇动石块,最终,石块开始移动了。这时你又意识到这也许不是最好的办法。这就好像人类社会的所作所为一样。然而,对气候来说,一旦它开始滚动,我们真的不知道它会在哪里停下来。"

第二章

变暖的天气

作为一种警示，全球变暖可以说是 1970 年代的想法，然而，作为纯科学，它的历史则可以追溯到更早以前。1850 年代晚期，一位名叫丁铎尔（John Tyndall）的爱尔兰物理学家便开始着手研究不同气体的吸收性能。他的发现使其率先对大气层的运行方式做出了准确的描述。

1820 年，丁铎尔出生在卡洛郡。他十七八岁就离开学校，为英国政府充当测量员。丁铎尔利用晚上的时间自学，随后成为了一名数学老师。之后，虽说他不会讲德语，但却启程去了马尔堡，跟随罗伯特·威廉·本生（Robert Wilhelm Bunsen，后来的"本生灯"就是用他的名字命名的）学习。丁铎尔取得博士学位（其时这一学位刚刚设立）之后，便遭遇了生计之忧。直到 1853 年，他应邀去伦敦的皇家科学院（Royal Institution）做了一个讲演，那里是当时英国重要的科学中心之一。在这次成功讲演的基础上，丁铎尔获得一个又一个的讲演邀请。几个月后，他当选为自然哲学教授。他的讲演非常受 35欢迎，其中的很多后来都被结集出版。这既证明了丁铎尔作为演讲者的出色才能，也证明了维多利亚时代的中产阶级对知识的兴趣。丁铎尔后来又到美国进行了一次演讲之旅，收入丰厚；他把所得款项委托给一家信托机构代管，以用于发展美国的科学。

丁铎尔的研究范围从光学到声学再到冰川运动，其多样与广泛令人难以置信。（他是一个狂热的登山爱好者，经常去阿尔卑斯山研究冰雪。）他最为持久的兴趣之一便是热学，而后者在19世纪中期发展迅速。1859年，丁铎尔制造了世界上第一台比分光光度计（ratio spectrophotometer），这台仪器使得他能够对不同气体吸收和传输辐射的方式进行比较。当丁铎尔检验空气中最常见的两种气体——氮气和氧气时，他发现无论是可见光还是红外线都可以透过这两种气体。而其他气体，诸如二氧化碳、甲烷和水蒸气，却不是如此。就二氧化碳和水蒸气来说，光谱中的可见光是可以透过的，但红外线却不能透过。丁铎尔很快意识到自己上述发现的意义：他宣布，选择性透明的气体，在很大程度上是决定行星气候的原因。他把这些气体的作用比作是一座拦河大坝：正如一座大坝"会带来水流局部的加深，作为拦住陆地光线的一座关卡，大气层也会导致地球表面温度的局部上升"。

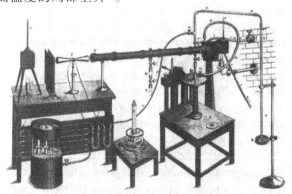

世界上第一台比分光光度计是由丁铎尔制造的，
用来测量各种气体的吸附性能。

引自《哲学学报》（*Philosophical Transactions*），第151卷（1861）。

丁铎尔认识到的这种现象,正是现在所说的"自然的温室效应"。这一现象无可争议地存在;事实上,这一现象也被看作是地球上生命存在的基本条件。要想弄清楚温室效应的运作机制,我们不妨来想象一下如果没有温室效应,世界将会怎样。在这种情况下,地球将会持续不断地从太阳吸收能量,但与此同时,它也不间断地将能量反射回宇宙空间。所有的热物体都发射光热,而它们发射光热的总量由各自的温度决定。(斯忒藩—玻尔兹曼定律最为准确地表述了这种关系。这一定律指出,一个物体所发出的热辐射与物体绝对温度的 4 次方成正比。$P/A = \sigma T^4$①)。地球为了保持能量均衡 37 其放射到太空中的能量总和必须等于它所吸收的总能量。一旦这种平衡由于某种原因被打破,行星就会变热或者变凉,直至温度再一次能够让这两股能量流相抵平衡。

如果大气中没有温室气体的话,那么,从地球表面发出的能量会毫无阻碍地流逝。在这种情况下我们将很容易计算出,当地球向太空反射的能量与其从太阳吸收的能量完全相等时,地球的热量和温度将会是多少。(当然,对于不同的位置地点和时令节气来说,这能量的差别甚大。如果我们取所有纬度和季节的平均数,那么这一数值大约是每平方米 235 瓦特,大致等于四只家用电灯泡的功率。)温度的计算结果是 0 度,非常寒冷。用丁铎尔维多利亚风格的语言来表达,如果空气中不再含有保温的气体,"土地和花园中的热量不求回报地将自己注入了太空,而太阳就升起在一个禁锢于严寒中的岛屿上"。

由于具备选择性吸收的特性,温室气体改变着环境。太阳光主

① P 代表能量,单位为瓦特;A 代表面积,单位为平方米;T 代表温度,单位是开尔文温标;σ 是斯忒藩—玻尔兹曼常数 $5.67 \times 10^{-8} \ W/m^2K^4$。

38 要是以可见光的方式照射到地球上的，因此温室气体可以让太阳
光的辐射自由地通过。但是地球的辐射却是以红外线的方式发出
的，所以一部分地球的辐射就被温室气体所阻挡。温室气体吸收了
红外辐射，随后又重新发射这部分光，其中的一部分射向太空，一
部分反射回地球。于是，这一吸收和再发射的过程就起到了限制能
量外流的作用。其结果就是，假若地球向外发射每平方米 235 瓦特
热量，地表及低层大气的实际温度必得比前面提及的温暖得多。温
室气体的存在很好地说明了全球平均温度为什么是更为舒适的华
氏 57 度，而不是寒冷的 0 度。

丁铎尔患有失眠症，并且年纪越大越厉害。1893 年，他死于水
合氯醛(chloral hydrate，早期的一种安眠药)过量，那天是他妻子给
他用的药。(据传，他在临死前不久对妻子说："我可怜的宝贝，你杀
死你的约翰啦。")就在丁铎尔中毒的差不多同时，瑞典化学家斯万
特·阿列纽斯(Svante Arrhenius)从丁铎尔停下的地方继续推进这项
研究。

阿列纽斯最终成为了 19 世纪的科学巨人之一，但和丁铎尔一
样，他的人生却开始得并不如意。1884 年，当阿列纽斯还是乌普萨
拉大学学生的时候，他撰写了有关电解质特性的博士论文。(1903
年，他将因为这项工作获得诺贝尔奖，其研究对象即是今日所说的
电离作用理论。)大学的考试委员会并未为这篇文章所打动，只给
39 它评了个第四等级的分数(*non sine laude*)。接下来的几年里，阿列
纽斯在国外换了一个又一个的职位，最终回到家乡瑞典获得了一
个教师职位。但直到获得诺贝尔奖前不久，他才被选进瑞典科学
院，即便如此，他的当选仍需面对强大的反对声浪。

阿列纽斯之所以会好奇探究二氧化碳对全球温度的影响，其
中的确切原因尚不清楚。他看起来尤其对"二氧化碳水平的降低是

否导致了冰期形成"的问题感兴趣。(一些传记作者注意到,虽然很难找到什么确实的联系,但他对此问题展开研究之时,正是他和妻子——也是他过去的学生分手的那段时间,而她带走了他们唯一的儿子。)事实上,在他之前,丁铎尔早就意识到了温室气体水平对气候的影响,甚至推测(有先见之明地,但不是完全正确地)温室气体水平的变化将能导致"地质学家研究表明的各种气候突变"。但丁铎尔的研究从未超越这种定性推测的范畴。而阿列纽斯则下决心计算出地球温度到底是如何受到二氧化碳水平变化的影响的。他后来将这项工作形容为自己人生最单调乏味的事情之一。1894年的平安夜,他开始了这项工作。虽然他每天有规律地苦干 14 个小时,但也还是一直忙了将近一年才接近尾声。他在写给朋友的信中说:"我自从攻读学士学位以来,还从未这样努力地工作过。"1895 年 12 月,他最终向瑞典科学院递交了他的研究结论。 40

　　用今天的标准来看,阿列纽斯的研究看起来原始而粗糙。他所有的计算都是用笔和纸来完成的。他遗漏了有关光谱吸收的重要信息,也忽视了若干潜在的重要的回馈作用。然而,这些缺陷差不多都互相抵消了。阿列纽斯追问到,如果二氧化碳水平减半或者加倍,地球气候将会发生什么样的变化。就加倍的情况来说,他确定全球的平均温度将会上升 9 到 11 度,这一结果接近于如今最为精密的气候模型的估测。

　　阿列纽斯还取得了一个概念性的突破。其时,整个欧洲的工厂、铁路和电站都在燃烧煤炭和喷出浓烟。阿列纽斯意识到,工业化和气候变化密切相关,矿物燃料的消耗日积月累终将导致气候变暖。当然,他并没有意识到这一问题的严重性。主要由于深信海洋将像一个巨大的海绵那样吸收额外二氧化碳,阿列纽斯认为空气中二氧化碳的累积速度将极其缓慢。根据他有一次的估计,煤炭燃烧再持续三千年,大气中二氧化碳水平才会增加一倍。或许由于

他所生活的年代,也或许因为他是个北欧人,他预期气候变化结果
41 从整体上说来是有益于人类生存的。在向瑞典科学院发表讲演时,
阿列纽斯宣称,其时被称为"碳酸"(carbonic acid)的二氧化碳水平
日益升高,将会让未来的一代代人"生活在更温暖的天空下"。之
后,他又在自己撰写的众多科普著作之一《制造中的世界》(*Worlds
in the Making*)中,详细说明了这一观念:

> 由于大气中碳酸比重的增加,人类将能享受到更为温和
> 也更好的气候,尤其是对那些生活在地球寒冷地区的人来说。
> 到那时,地球将能生产出更为充足的农作物以养活人口快速
> 增长的人类。

1927年阿列纽斯去世后,人们对气候变化的兴趣减少了。很多
科学家坚持认为,即便二氧化碳水平真的在升高,其增速也非常缓
慢。1950年代中期,不知出于什么原因,一个名叫查尔斯·戴维·基
林(Charles David Keeling)的年轻化学家决心研制出一种测量大气
中二氧化碳含量的更为准确的新方法。(后来他将这一决定的理由
归结为他觉得装配这些必要的设备"非常有趣"。)1958年,基林说
服美国气象局在新气象台使用他的技术来监测二氧化碳。这一气
象台海拔一万一千英尺,位于夏威夷岛上的莫纳罗亚山(Mauna
Loa)侧翼。从那时起,这种二氧化碳的测量工作在莫纳罗亚山延续
至今。这些被称作"基林曲线"的测量结果,也许可以称得上是迄今
42 为止最为广泛印刷发行的一套自然科学数据了。

从图形看,基林曲线像是一条倾斜的锯齿边。每一个锯齿对应
于一年。二氧化碳的水平在夏季降到最低点,此时北半球的树木因
为光合作用吸收着它;二氧化碳又在冬季增长到最高,其时树木都
处于休眠状态。(南半球的森林较少。)同时,曲线的倾斜向上表明

了年平均值的日益增长。

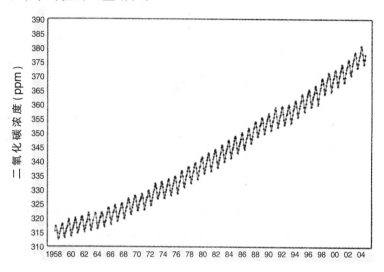

年份

基林曲线表明,自从1950年代开始,二氧化碳的水平一直在稳步增高。引自斯克里普斯海洋研究所(Scripps Institution of Oceanography)。

莫纳罗亚山二氧化碳水平的第一次全年监测是在1959年,当年的平均值为316ppm。接下来的一年,这一平均值达到了317ppm。这一结果促使基林发现自己目前有关海洋吸收二氧化碳的假设有可能是错误的。到1970年,二氧化碳水平已经达到325ppm,1990年上升至354ppm。2005年夏天,二氧化碳的水平已经达到了378ppm。如今,已经差不多升到了380ppm。按照这一速度,到本世纪中叶,这一数值将达到500ppm,差不多是前工业化时代的两倍。也就是说,比阿列纽斯的预言差不多提前了两千八百五十年。

43

44

第三章

冰川之下

　　瑞士营（Swiss Camp）是 1990 年在钻入格陵兰岛冰原的平台上建立起来的考察站。冰像水一样流动，只是速度要缓慢得多，于是，这个营地也一直处于运动之中：15 年里，它已经大致向西移动了一英里多。每年夏天，整个营地都会被水淹；一到冬天，就变得坚固了。如此年复一年，其日积月累的后果即是瑞士营差不多所有的功能设备都没法像原先设想的那样照常运转了。为了进入营地，你必须先爬上一个雪堆，然后再从屋顶上的活板门下去，就如同进入轮船的底舱或是太空舱一样。住舱已经不再适于居住了，所以如今营地的人只好睡在外面的帐篷里。（我被告知，分配给我的帐篷正是罗伯特·斯科特在去南极的不幸探险中曾经使用过的那种帐篷。）在我五月下旬到达营地之前，有人用凿岩机凿出了核心工作区域，那里配备有几张磨损了的会议桌。在正常状况下，人们应该可以把腿放在桌子底下，但现在，那里仍然结着三英尺高的冰块。我依稀看见冰块里有一团电线、一个膨起的塑料袋和一只旧簸箕。

45

　　科罗拉多大学的地理学教授康拉德·斯特芬（Konrad Steffen）是瑞士营的负责人。作为苏黎世人，斯特芬的英语带有抑扬顿挫的瑞士德语（*Schweizerdeutsch*）味。他又高又瘦，长着浅蓝色的眼睛和灰色的胡须,拥有西部牛仔的镇定举止。斯特芬爱上北极还是在 1975 年他攻读研究生的时候,其时,他在北磁极西北四百英里的阿克塞尔·海伯格岛(Axel Heiberg Island)度过了一个夏天。几年后,为了撰写自己的博士论文,他又在巴芬岛附近的海冰上呆了两个冬天。(斯特芬告诉我,他原本打算带妻子去挪威以北五百英里的斯匹兹卑尔根群岛度蜜月,但妻子表示反对,于是,他们最终将行程改为驾驶汽车横穿撒哈拉沙漠。)

当年斯特芬计划修建瑞士营的时候(他亲手创建了瑞士营的大部分),他的脑海里还没有全球变暖的想法。他当时感兴趣的是冰原"均衡线"(equilibrium line)的气候条件。在这条线上,冬季积雪和夏季融水应该恰好处于平衡之中。但近几年来,"均衡"变得越来越难以达成了。例如,2002 年夏季,许多数百年甚或上千年都不曾看到液态水的地方也出现了冰雪融化的现象。接下来的冬季,降雪量异乎寻常地低。到了 2003 年夏季,冰雪融化如此之巨,以至于瑞士营周围 5 英尺的冰消失了。

46

当我到达营地时,2004 年的融雪季节已经到来。对于斯特芬来说,这既具有极大的科学价值,也是严重的现实问题。几天前,斯特芬的研究生拉塞尔·哈弗和博士后尼古拉斯·卡伦,驾驶雪地汽车去维护靠近海岸的几座气象站。那里雪的温度上升如此之快,他们不得不坚持工作到早上五点,然后长途绕道回来,以免被卷入正在急速形成的河流中。斯特芬希望能够将要做的事情都提前做完,以防万一每个人都必须收拾好东西尽早离开。我到瑞士营的第一天,斯特芬在修理去年融冰季节倒下的天线。天线上插满设备,活像一棵高科技的圣诞树。即便是在冰原上像这样相对暖和的天气里,温度也从不会超过零上几度,我在冰原上走动时,仍会穿上风雪大衣,两条裤子外加长内衣,戴上两双手套。而此时,斯特芬却光着手在修理天线。他已经在瑞士营度过了十四个夏季,当我问及在此期间有什么收获之时，斯特芬以提问的方式作答。

"从长远看，我们是否正在瓦解格陵兰冰原呢？"他问道。斯特芬正给乱作一团的电线进行分类整理，这些电线在我看来毫无二致，但肯定还是有某种可供区分的特征。"局部的气候模型告诉我们，这个海岸的冰雪会消融得越来越多。它会持续融化。当然，与此同时，温暖的空气也将包含更多的水蒸气，由此，冰原的上面也就会有更大的降雪量。于是，这里也就有更多的降雪。其结果将会带来一个不平衡，即顶部的冰雪累积越来越多，而底部的融化也越来越多。而现在的关键问题是，哪一个更占主导地位，是融化还是增长？"

格陵兰是世界上最大的岛屿，面积 84 万平方英里，几乎相当于四个法国。岛上除了最南端，其他地方几乎都在北极圈以内。第一批试图在此定居的欧洲人是在红发埃里克（Erik the Red）领导下的古斯堪的纳维亚人。也许是出于故意，埃里克为这个岛屿起了个容易引起误解的名字（Greenland，意为绿色大地）。985 年，埃里克带了 25 艘船和将近 700 个追随者来到这里。（由于父亲杀了一个人而被流放，埃里克离开了挪威，随后又因为他自己杀了数人而被冰岛放逐。）斯堪的纳维亚人在这里建立了两个定居点：实际位于南端的"东定居点"和实际位于北边的"西定居点"。在大约四百年的时间里，他们依靠打猎、饲养家畜和偶尔航海去加拿大海岸勉强度日。但是后来情况变糟了。有关他们的最后文字记录是索尔斯坦·奥拉夫松（Thorstein Ólafsson）和西里聚尔·比约登斯多蒂尔（Sigríður Björnsdóttir）的结婚宣誓书，而二人的婚姻缔结于东定居点，时间是1408 年秋季"弥撒后的第二个星期天"。

如今岛上的居民大约有五万六千人，其中的绝大部分都是因纽特人。岛上大约四分之一的人口生活在离西海岸四百英里远的首府努克（Nuuk）。从1970年代开始，格陵兰就开始享有地方自治权，但是由于丹麦仍将其视为自己的一个省份，因此至今丹麦还每年支付3亿美元来援助格陵兰岛。这样做的后果是，格陵兰拥有着一个薄弱的、不能完全使人信服的第一世界的外表。这里几乎没有农业和工业，甚至也没有道路。按照因纽特人的传统，他们禁止土地私有。尽管个人还是有可能在那里购买一座房子，但是在下水管道都必须隔热处理的格陵兰，这将是一个奢侈的想法。

格陵兰岛80%以上的土地都覆盖着冰雪。这个巨大冰川锁住了世界上大约8%的淡水储存。除了瑞士营的研究者，几乎没有人在冰上生活或是频繁地在冰上探险。（冰的边缘布满了裂缝和缺口，大得足以吞噬狗拉雪橇，有时甚至可以吞没一辆五吨重的卡车。）

和所有的冰川一样，格陵兰冰原全是由积雪构成的。最为新近的冰层厚且透气，而越老的冰层则越薄且紧密。这就意味着，钻入冰层就好比是时间回溯，开始时还是逐渐而缓慢地，其后便越来越快。138英尺下是美国南北战争时期的雪；2500英尺下是伯罗奔尼撒战争时期的雪；5350英尺下的雪则是拉斯科的岩洞画家们屠宰野牛时代留下的。在冰层的最底端，10000英尺以下的雪是十万多 49 年前，上一个冰期开始之前落在格陵兰岛中心区域的。

当雪被压紧，其晶体结构就会发生变化，转化为冰。（2000英尺以下，冰的压力很大，以至于处置稍有不当，提取到冰面的样品就将发生断裂，严重的甚至还会爆炸。）当然，大多数情况下，冰层中的雪仍保持不变，作为形成时期的气候遗迹。在格陵兰的冰层里，我们可以找到早期原子试验留下的原子尘、喀拉喀托火山的火山灰、古罗马冶炼厂的铅污染，还有冰期从蒙古吹来的灰尘。每一层都包含着一些微小气泡，其中充满了被封住的空气，因此每一个气泡都可以视为过去时代的大气样品。

我们对于过去十万年地球气候的许多知识,都来源于人们在格陵兰岛中心地区钻下的冰芯,而这些冰芯都是沿着一条名叫"分冰岭"(ice divide)的线钻下的。由于夏季雪和冬季雪的差异,格陵兰岛冰芯的每一个冰层都可以被单独地标注上时间,就好像树木的年轮一样。然后,通过分析冰的同位素构成,我们就有可能弄清每一冰层形成之时的天气到底有多冷。在过去的十年里,格陵兰的三个冰芯已经钻到了将近两英里深。这些冰芯推进了人们对于气候运行模式的全面反思。过去认为天气系统只是随着冰期变迁而变化,然而现在人们却发现天气系统有可能发生难以预测的突然逆转。大约12800年前,就发生过一个被称为"新仙女木事件"的逆

50 转。当时,一种名叫宽叶仙女木(*Dryas octopetala*)的小型北极植物突然重新出现在了斯堪的纳维亚。其时,正在迅速变暖的地球又猛降回了冰河时代的环境条件之中。随后天气保持了十二个世纪的寒冷才回暖,升温更加骤然。在短短的十年时间里,格陵兰的年平均气温已经飙升了将近二十度。

作为一种连续的温度记录,格陵兰岛冰芯能够提供截至上一次冰河期开始时的可靠信息。从其他地方搜集来的气候记录表明,前一个间冰期,即艾姆(Eemian),比当前的全新世(Holocene)要温

51 暖一些。它们也同时表明,彼时的海平面比今天至少要高出15英尺。有种理论将之归因为西南极冰原的坍塌。另一种理论则认为格陵兰岛的融水要对此负责。(海冰融化并不影响海平面,因为漂浮在水面上的冰,已然代替了等量的水的体积。)总的来说,格陵兰冰原所保存的水足以使全球海平面上升23英尺。美国航空航天局的科学家已经计算出,1990年代,冰原尽管在中心区域有所增厚,但整体上却正以每年12立方英里的速度在萎缩。

杰·齐瓦利(Jay Zwally)是美国航空航天局的科学家,致力于

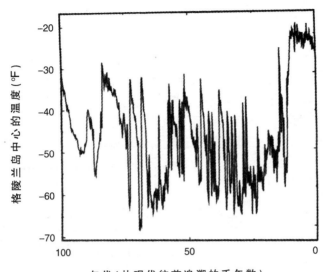

格陵兰的气候记录表明，温度常会剧烈震荡。

引自《两英里时间机器》(*The Two-Mile Time Machine*, *Princeton University Press*)，参照 K.Cuffey 和 G. Clow，《地球物理研究杂志》(*Journal of Geophysical Research*)，第 102 卷 (1997)。

"冰云与陆地抬升卫星"(ICESat) 这一卫星项目的研究。他矮胖身材，一张圆脸，喜欢顽皮地露齿笑。齐瓦利是斯特芬的朋友。大约十年前，为了研究冰原抬升中所带来的变化，他想到在瑞士营周围安装全球卫星定位系统(GPS)接受器。当我到达瑞士营的时候，他碰巧也在那儿。在我访问的第二天，我们一起登上雪地汽车，出发去 JAR I(即雅各布港消融地区)重新安装一个卫星定位接受器。整个旅程大约有十英里。途中，齐瓦利告诉我，他曾经看到过间谍卫星所拍摄的我们正途经地区的照片。照片显示，就在雪的下面，到处都是裂缝。随后，当我向斯特芬问及此事时，他告诉我他曾经借助探底雷达探测过这个地区，但却没有发现任何有裂缝存在的证据。

52

对于二人的说法，我至今也不知道该信谁的。

重新安装齐瓦利的卫星定位接受器需要树起一连串的杆子，因此，这一工程需要在冰上钻一连串 30 英尺深的洞眼。钻孔工作不是依靠机械而是用热学方法来完成。他们使用的是蒸汽钻机，由一个丙烷炉、一个钢槽和一段长橡皮软管组成。在场的每一个人，斯特芬、齐瓦利、研究生们和我轮流操作。当橡皮软管不断深入时，我们牢牢地抓紧它。这一行为让我们想起冰钓。七十五年前，就在离 JAR I 不远的地方，提出大陆漂移理论的德国科学家阿尔弗雷德·魏格纳（Alfred Wegener），在一次气象探险中遇难。他被埋在了冰原下面，在瑞士营中流行着一个碰到他身体的玩笑。当钻机下行时，一个研究生曾大叫道："是魏格纳！"第一个洞比较迅速地钻成了，此时大家决定进行午休，但后来证明这个决定下得过早。一个洞除非灌满了水，否则便会被重新堵上，从而失去使用价值。很显然，冰层中存在着缝隙，因为在接下来试钻的几个洞里，水不断地漏了出去。我们最初的计划是钻三个洞，但六个小时过去了，只钻成了两个。当然，最终大家商量后认为两个洞已经够了。

53　虽然齐瓦利原本是去探寻冰原抬升问题的，但他最终发现的现象却更为重要。卫星定位系统的数据显示，当冰原融化时，它与其说是下降不如说开始加速移动。1996 年夏天，瑞士营周围的冰以每天 13 英寸的速度移动，但到了 2001 年，则已经加速为每天 20 英寸。之所以加速的原因，据说是因为表面的融水渗入了冰层底部，由此发挥了润滑剂的作用。（在此过程中，融水使裂缝扩大，进而形成了被称为"冰川锅穴"的冰下隧洞。）齐瓦利的测量也表明，冰原在夏季会抬升 6 英寸，这就表明冰原正漂浮在水垫上。

在上一次冰河作用末期，北半球大部分地区的冰原在数千年时间里完全消失了——相比冰原形成时间的漫长，其消失所用时间真是短暂得惊人。当时，即大约一万四千年前，冰原融化得如此迅速,以至于海平面以每十年超过一英尺的速度不断上升。对于这一情况发生的原因,我们尚未完全知晓,但格陵兰冰原的加速移动提示了另一个反馈机制的存在:一旦冰原开始融化,它便开始加速移动,这也就意味着冰原变稀薄的过程开始加速,进而又促使冰原进一步融化。离瑞士营不远便是著名的冰河——雅各布港冰川。 54
1992 年,雅各布港冰川以每年 3.5 英里的速度流动;到了 2003 年,它的速度已经提高到每年 7.8 英里。(最近测量南极半岛冰河流动的科学家们也宣布了相类似的研究结果。)在齐瓦利发现的基础上,美国航空航天局负责 1970 年代关于二氧化碳影响研究的官员詹姆斯·汉森提出,如果温室气体的排放不能得到控制,那么格陵兰冰原的完全瓦解很可能在几十年内就会启动。虽然整个过程可能会持续数百年,然而一旦开始,它就会自我加速,由此也就几乎不可能再停下来了。2005 年 2 月出版的《气候变化》(*Climate Change*)杂志中有一篇文章,当时已是戈达德空间科学研究所负责人的汉森在文中写道,他宁愿相信自己对冰原的看法是个误解,但又随即补充道:"我怀疑。"

我在瑞士营的时候,有关全球变暖的灾难片《后天》(*The Day After Tomorrow*)正在影院上映。一天晚上,斯特芬的妻子拨通了营地的卫星电话,告知丈夫她已经带着两个十几岁的孩子观看了这部电影。她说,可能是由于家庭的关系,每个人都十分喜欢这部影片。

《后天》的奇思妙想就在于设想全球变暖将会导致全球冰冻。在电影的开始,一大块相当于罗德岛大小的南极冰层突然融化。(非常类似的情况在现实生活中也发生了:2002 年 3 月,Larsen B 冰架坍塌。)接下来发生的大多数状况,诸如突然到来的冰河世纪,以及从高空降下的飓风,虽然在科学层面上不太可能,但作为一个隐

55 喻却可以存在。格陵兰冰原中保存的记录表明,我们有关气候状态相对稳定的经验实际上只是个例外。在上一次冰河作用中,即便世界上的大部分地区都被冻结实了,格陵兰地区的平均温度也仍频繁地十度十度地忽上忽下,就像新仙女木期的情况一样。没有人知道究竟是什么导致了过去气候的突然变迁,然而,众多的气候学家猜测,这可能与被称为"热盐环流"的洋流模式的变化有关。

　　"当海冰冻结,盐分就从气孔中被析出,于是盐水被排出。"斯特芬向我解释道。那天,我们正站在离营地不远的冰面上,试图克服大风的呼啸声进行谈话。"盐水比较重,所以开始下沉。"同时,在蒸发和冷却的共同作用下,当水从回归线流向北极时,密度也逐渐变大;于是在靠近格陵兰的地方,巨量的海水不断地下沉到海底。这一过程所导致的最终结果是,更多温热的海水从回归线流向两极,从而建立起了一条将热量传遍全球的"输送带"。

　　"这是全球气候的能量引擎,"斯特芬继续说道,"它有一个原动力:下沉的水。如果你把这个旋钮转开一点儿,"他一边模拟着打开浴缸水阀的动作一边说,"在能量再分配基础上,我们可以预估重
56 要的温度变化。"打开水阀的办法之一便是加热海洋,事实上这一过程已经开始了。另一个办法则是向两极的海洋注入更多的淡水,这一过程也同样已经发生。不仅格陵兰岛沿海的径流量有所增加,而且流入北冰洋的河水量也在增长。监测北大西洋的海洋学家已经证明,北大西洋的盐度在最近几十年内已经大大降低。人们认为,在未来的一个世纪里,热盐环流不太可能完全中止。但如果格陵兰冰原开始瓦解,这一中止的可能性就不能被完全排除。哥伦比亚大学拉蒙特—多尔蒂(Lamont-Doherty)地球观测站的地球化学教授华莱士·布罗克(Wallace Broecker),把热盐环流称为气候系统的"阿喀琉斯脚踵"。如果热盐环流停止了,尽管整个地球正在持续变暖,但像英国这样本来受墨西哥湾暖流影响严重的地域,则可能变

得更寒冷。

　　我在瑞士营的时候,正是极昼天气,因此太阳从不落山。营地通常在晚上 10 点或 11 点提供晚餐,随后大家围坐在厨房的临时餐桌旁,边喝咖啡边谈话。(酒由于比较重,且严格地说不是必需品,因此是比较短缺的。)一天晚上,我问斯特芬,在他眼中十年后的这个季节,瑞士营的环境将是怎样的。"未来十年里,我们看到的信号将越来越明显,因为我们又进行了十年的温室加热。"他说。　　57

　　齐瓦利插话道:"我预言十年后,我们将不会在这个季节到这儿来。因为我们没办法这么晚再来了。说得明白些,我们将面临大麻烦。"

　　无论从性情上讲还是所受训练上讲,斯特芬都不愿意对格陵兰岛或北极地区的明天做出具体而明确的预言。他通常在发表谈话之前提醒人们,大气环流方式可能正在发生某种变化,它可能抑制温度上升的速度,甚至可能(至少是暂时性地)完全逆转之。当然,连他也强调"气候变化已实实在在地发生了"。

　　"如今这一变化并未显出其戏剧性,这也是人们为什么没有真正做出反应的原因。"他告诉我,"但也许你能够把这些消息传达给普通人,对于我们的孩子或者孩子的孩子来说,气候将出现戏剧性的变化——这风险大到我们不得不重视。"他补充了一句,"现在已经是凌晨五点了。"

　　我在瑞士营的最后一个晚上,斯特芬带来了他从气象站下载的数据,并用便携电脑的各种程序对之进行分析以计算出上一年营地的平均温度。数据显示,这是自营地建成以来温度最高的一年。当斯特芬在厨房的餐桌旁向人群宣布这一消息时,没有任何人表示出哪怕一点点的惊讶。

　　那天晚上很晚才开饭。在探险队员完成另一次钻孔立杆后回程的路上，一辆雪地汽车着火了，人们只好将它拖回了营地。当我最终回到自己的帐篷中准备睡觉时，我发现帐篷下的雪已经开始融化了，地面中央出现了一个大水坑。我去厨房拿来纸巾准备将水吸干净，但水坑太大了，我最终放弃了这一努力。

至少就全民关注度来说，没有哪个国家会比冰岛对气候变化的兴趣更为热切。这个国家有10%以上的土地被冰川覆盖，其中最大的瓦特纳冰原（Vatnajökull）绵延了将近3200平方英里。在所谓的"小冰期"（Little Ice Age，对于欧洲来说，这一时期开始于大约五百年前，而后持续了大约三百五十年），冰川面积的不断拓展给大部分的地区带来了苦难。当时的记录告诉我们，其时的农场为冰雪所覆盖——"冰冻和严寒折磨着人们"，冰岛东部一个叫奥拉维尔·埃纳尔松（Olafur Einarsson）的牧师写道。在那些气候条件异常恶劣的年头，船运也被迫停止了，因为即便是在夏天，岛屿也处在冰封的状态之中。据估计，十八世纪中期，这个国家大约三分之一的人口死于饥饿以及由寒冷导致的种种疾病。而对于冰岛人来说，他们中的很多人都能将自己的家谱追溯到一千年前，因此，这段历史被视作是近代史。

奥杜尔·西于尔兹松（Oddur Sigurdsson）领导着一个名叫冰岛冰河学协会的小组。一个黑暗而又沉闷的秋日下午，我去他位于雷克雅未克的冰岛国家能源局总部的办公室拜访。不时有浅黄色头发的小孩跑进来，朝桌子底下张望张望，然后又咯咯笑着跑出去。西于尔兹松解释道，雷克雅未克公立学校的老师们正在罢工，因此他的同事们只能带着孩子来上班。

冰岛冰河学协会是一个完全由志愿者组成的组织。每一年秋天，当夏季融雪季节结束，他们便开始测量全国三百多个冰川的面积，然后整理成报告，由西于尔兹松收在彩色的活页夹里。这个组织成立于 1930 年。在其成立早期,志愿者们大多是农民。他们通过修建堆石界标和步测到冰川外缘的距离来丈量。如今,这个协会的成员来自各行各业——其中还有一位退休的整形外科医生。他们使用卷尺和铁杆来丈量,因此测量也就更为精准。可以说,一些冰川长期以来都是由同一个家族的成员进行测量的。1987 年,西于尔兹松当上了这个团体的负责人。就在那时,一位志愿者告诉他说自己准备退出协会。

"他都快九十岁了,我这才意识到他已经多么高龄了,"西于尔兹松回忆道,"他的父亲曾在那工作,后来他的侄子又接替了他。"另一位志愿者自 1948 年起就负责监测瓦特纳冰原的一部分。"他也八十岁了,"西于尔兹松说,"如果碰到一些超出了他阅历所及的问题,我就去问他的母亲。老太太今年已经一百零七岁了。"

与北美自 1960 年代便开始逐渐萎缩的冰川相比,冰岛的冰川从 1970 年代到 1980 年代都一直在增长。然而,到了 1990 年代中期,它们也开始萎缩了。西于尔兹松取出记录有冰河报告的笔记本,里面有很多黄色的表格。他将笔记本翻到有关索尔海玛冰川(Sólheimajökull)的那部分。这是从更大的米尔达斯冰川(Mýrdalsjökull)伸出的一个舌形冰岬。1996 年,索尔海玛冰川悄悄地萎缩了 10 英尺。1997 年,它又回撤了 33 英尺。到了 1998 年,又萎缩 98 英尺。此后的每一年,它萎缩得更多。2003 年达到了 302 英尺,2004 年是 285 英尺。总的算来,如今的索尔海玛冰川(其名字的含义是"太阳之家",指的是附近的一个农场)已经比十年前萎缩了 1200 英尺。西于尔兹松拿出了另一本笔记本,其中夹满了幻灯片。他拿出了一些索尔海玛冰川最近的图片。冰川的末端是一条宽阔的大河。索尔海玛冰川后退时留下的一块巨大岩石伸出了水面,就好像一条被废弃的轮船船体。

"通过这个冰川,人们可以描述当下的气候状况,"西于尔兹松说,"它比最为灵敏的气象测量还要灵敏。"他把我介绍给他的同事克里斯蒂安娜·埃索斯多蒂尔(Kristjana Eythórsdóttir)。我后来才知道,她正是冰岛冰河学协会创立者的孙女。克里斯蒂安娜密切关注着一个叫 Leidarjökull 的冰川,即便抄最近的路到达那里,也需要四个小时的跋涉。我向克里斯蒂安娜问及这个冰川的现状。她回答道:"哦,和其他很多冰川一样,它正变得越来越小。"西于尔兹松告诉我,气候模型预测,到下世纪末,格陵兰岛将基本解冻。"除了在最高的山峰上有一些小的冰帽,大堆大堆的冰川都将成为历史。"据说,冰川已经在格陵兰岛上存在了至少两百万年。"也许更久。"西于尔兹松说。

2000 年 10 月,在阿拉斯加巴罗的一所中学里,来自八个北极国家(美国、俄罗斯、加拿大、丹麦、挪威、瑞典、芬兰和冰岛)的官员聚集在一起,共同讨论了全球变暖的问题。会议宣布了一个由三部分组成、投入两百万元、针对这一地区气候变迁的研究计划。2004 年 11 月,研究的前两部分(一份大部头的技术文件和一份 140 页的摘要)被提交给了在雷克雅未克召开的研讨会。

就在与西于尔兹松交谈的第二天,我参加了这次研讨会的全体会议。除了将近 300 位科学家,会议还吸引了相当多的北极当地的居民群体参与,其中包括了养驯鹿的人、打猎为生的人以及因纽特猎物委员会(Inuvialuit Game Council)等团体的代表。在一大堆的衬衫和领带中间,我还看到了两个穿着萨米人鲜艳束腰外衣的男人和一些穿着海豹皮背心的人。会议议题不停地变换,从水文学到生物多样性,从渔业到森林。然而,这些议题都传递着相同的信息——无论你从哪一方面看,北极地区的环境正在发生变化,并且变化的速度之快,连那些原本就预见到气候变暖的人们都感到惊讶。美国海洋学家、国家科学基金的前副会长罗伯特·科雷尔

（Robert Corell）负责协调这项研究。在开场白中，他一一提及了研 62
究的各项发现——包括萎缩的海冰、收缩的冰川、融化的永冻土，
最后以下面的话作结："北极的气候正在迅速变暖，需要强调的是
现在。"科雷尔还说，尤其惊人的是来自格陵兰岛的最新数据。根据
数据显示，冰原的融化速度"远比十年前我们所预想的要快得多"。

　　全球变暖通常被描述为一项科学争论——也就是说，一种有
效性尚待证明的理论。研讨会的开幕式持续了九个多小时。在此期
间，众多发言者强调了全球变暖及其影响（关于热盐环流、植物分
布、嗜冷物种的生存，还有频繁发生的森林火灾等）的不确定性。然
而，这种对于科学话语来说十分基本的质疑，并没有延伸到二氧化
碳和日益增长的温度之间的关系问题上。这项研究的主要摘要清
楚地表明，人类已经成为影响气候的"主导因素"。下午的茶歇时
间，我碰见了科雷尔。

　　"如果说这间屋子里有三百人，"他说，"我想，其中认为全球变
暖只是一个自然进程的人，你连五个都找不到。"（这次会议上，我
与二十多位科学家进行了交谈，没有一个人以自然进程来描述气
候变暖。）

63

　　有关北极气候研究的第三部分，即所谓的政策文件，在研讨会
期间尚未完工。按照设想，这部分主要讨论的是应对先前科学发
现的实践步骤大纲，其中大概也包括了减少温室气体排放。这份政
策文件之所以未能完成，是因为美国政府的谈判人不同意其他七
个北极国家的很多措辞。（几个星期后，美国同意了一份措辞含糊
的声明，呼吁与此问题做斗争的"有效"行为——但不是强制性的
行为。）美国政府的这一顽固立场使得出席雷克雅未克会议的其他
美国人感到非常尴尬。只有很少一部分人半心半意地维护着布什
政府的立场，包括众多政府雇员在内的人却对此持批判态度。针对
此，科雷尔提到，1970 年代以降消失的海冰面积，相当于"得克萨

斯和亚利桑那的面积相加。做这个类比的原因非常明显"。

那天晚上，就在饭店的酒吧，我和一个名叫约翰·基奥加克（John Keogak）的因纽特猎人聊了起来。他住在加拿大版图西北部的班克斯（Banks）岛，也就是北极圈以北大约五百英里的地方。他告诉我，他和同伴开始注意到气候变迁是在1980年代中期。几年前，这里的人们第一次开始看到知更鸟，而当地的因纽特语中甚至还没有命名这种鸟的词汇。

"我们想，啊，哎呀，天气一点点暖起来啦，"他回忆道，"最初这种暖冬似乎不错，你知道。但现在一切都变化得实在太迅速了。我们在1990年代前期看到的现象，如今都已经加倍呈现。"

"在卷入全球变暖的人群中，我想我们可能是受影响最大的，"基奥加克继续说道，"我们的生活方式、我们的传统，也许还有我们的家庭。我们的孩子不会再有未来。我说的是所有的年轻人，因为气候变化不仅仅正发生在北极，也将发生在全世界。整个世界都变化得太快了。"

雷克雅未克的研讨会持续了整整四天时间。一天早上，会议议程表写着"碳作为气候变迁对北极渔业资源影响的评估模式"等等的报告，而我则决定租辆汽车出去兜一圈。最近这些年，雷克雅未克几乎每天都在扩展地盘。如今，这个老港口城市被一圈圈相互雷同的欧式郊区所环绕。从汽车租赁点开出十分钟后，上述景象开始消失，我发现自己身处一片荒凉之中，那里没有树木，没有灌木，甚至也没有土壤。地面（从死火山或者休眠火山上弄来的熔岩）像是刚刚才整平的碎石路面。我在惠拉盖尔济（Hveragerdi）停车喝咖啡，这里的玫瑰是在蒸汽加热的温室里培育的，而蒸汽则直接从大地上排出。再往前走，我进入了一个农场，这里仍然没有树木，但是有草，羊正在吃草。最后，我到达了索尔海玛冰川的指示牌，西于尔兹松曾向我描述过它的萎缩。我拐弯转到了一条土路上,这条路沿着一条两边都是奇特山脊的棕色河流向前延伸。开了几公里之后,这条路也到了尽头,我只能靠步行前进。

当我到达可以瞭望索尔海玛冰川的地方时,天下雨了。在昏暗的光线下,冰川看上去与其说是伟大壮观的,还不如说是孤独凄凉的。冰川大部分都呈灰色,覆盖着一层黑色的沙砾。在冰川萎缩过程中,留下了一个个脊状的沉积堆。这些沉积堆是煤灰色的(黑暗而贫瘠),即便是生命力最最顽强的当地小草也无法在上面扎根。我又四下找寻曾在西于尔兹松办公室照片上看到的巨石。它离冰川的边缘是如此地遥远,以至于我一度猜想它是不是被水流移动过位置了。一阵寒风刮来,我开始下山。随后我想起了西于尔兹松对我说的话。如果我十年之后再回到此处,还站在我脚下的山脊上,也许就再不能看到冰川了。于是,我重新爬上山脊再一次眺望了冰川。 66

第四章

蝴蝶和蟾蜍

黄蛱蝶(学名 *Polygonia c-album*,通常称为 Comma)一生中的大部分时间都处于伪装状态之中。幼虫阶段时,背下面的白垩条纹使它看起来活像是一颗鸟粪。到了成虫阶段,如果它折叠起翅膀,看起来便与一片枯叶毫无二致。黄蛱蝶得名于它身体下面一个形状看起来像字母"C"的微小的白色标记。这个标记其实也是它伪装的一部分,有点类似于树叶衰老枯萎时裂开的口子。

黄蛱蝶产自欧洲。它的美国表亲是 Eastern Comma 和 Question Mark。黄蛱蝶可以在法国找到,在那里,它被叫做 *le Robert-le-Diable*;在德国,它被称为 *der C-Falter*;荷兰人则叫它 *Gehakkelde Aurelia*。在英国,黄蛱蝶到达了其分布范围的最北端。这一现象看似寻常——许多欧洲蝴蝶分布范围的极限都在英国,但从科学意义上来讲,却是十分幸运的。

67　　英国人观察和收集蝴蝶已经有几个世纪的历史了。大英自然博物馆中收集的一些标本可以追溯到十八世纪。维多利亚时代,业余爱好的高涨热情使得每个城市和众多小镇都建立了自己的昆虫协会。到了 1970 年代,英国的生物记录中心 (Biological Records Centre)决定将这种热情整合起来,展开一个叫鳞翅类分布图计划的项目。项目的目标是将英国五十九种本土蝴蝶种类的分布情况精确地制成图表。1984 年,大约两千多鳞翅类学者参与了这一项目的研究。研究成果经校对后,结集成了一本 158 页的地图集。每一个种类的蝴蝶都有自己的地图,图上用不同颜色的点标示出这一蝴蝶在给定的 10 平方公里内被目击的次数。在黄蛱蝶的地图中,它的分布范围从英格兰南海岸向北延伸,西至利物浦,东达诺福克。但是,这个地图几乎立即就失效了;在接下来的几年里,爱好者不断地在新的地区发现黄蛱蝶。到了 1990 年代,这种蝴蝶频频出现在英国北部的杜伦(Durham)附近。如今它更已在苏格兰南部扎根,甚至在北方的苏格兰高地也发现了黄蛱蝶的身影。黄蛱蝶以每十年五十英里的速度扩张着自己的地盘,新版蝴蝶地图的作者们以"惊人"一词来形容其速度增长之快。

　　克里斯·托马斯(Chris Thomas)是约克大学专门研究鳞翅类的生物学家。他又高又瘦,留着伊桑·霍克(Ethan Hawke)式的山羊胡子,和蔼可亲而又忧心忡忡。我碰到托马斯的那天,他刚从威尔士观察蝴蝶回来,坐上他的小汽车后,他对我说的第一件事就是不要介意他湿袜子的味道。几年前,托马斯和他的妻子,以及他们的两对双胞胎,带着一条爱尔兰猎狗、一匹矮种马、几只兔子、一只猫和一些小鸡,搬到了位于约克谷的威斯托镇的一座旧农舍里。尽管约克大学有好多间恒温室,在那里,黄蛱蝶不仅可以生活在温控环境中,接受严格监控下的日常饮食喂养,而且人们还可以对其进行连续不断地监测。但本着强调业余的英国精神,托马斯决定将他的后院改造为田野实验室。他在后院中播撒了从附近草地沟渠采集来的野花种子,还种植了将近七百棵树,等待着蝴蝶的出现。我到他家时正是仲夏时节,野花都开了,草长得极高,很多身陷其中的小树苗看起来就像是寻找父母的迷路小孩。约克谷地势平坦,在上一次冰期中,它是一个巨大湖泊的湖底。从院子放眼望去,托马斯遥

68

指向将近一千年前修建的塞尔比修道院的尖顶，还有十五英里外英国最大的发电厂——德拉克斯发电厂的冷却塔。那天天空多云，由于蝴蝶不会在阴天里飞翔，所以我们就先进了屋。

托马斯忙着烧水沏茶，而后为我解析蝴蝶的两大种类。一种是"狭生性的"（specialists）。这类蝴蝶需要特定的，有时甚至是独特的环境条件。其中包括了专食马蹄野豌豆的青绿色的大蓝蝶（Chalkhill Blue，学名 *Polyommatus coridon*）和在英格兰南部树木茂盛处之树顶飞翔的紫蛱蝶（Purple Emperor，学名 *Apatura iris*）。另一种蝴蝶则是"广生性的"（generalists），这种蝴蝶对生存环境相对不太挑剔。就英国的广生性蝴蝶来说，除了黄蛱蝶，大约还有十种蝴蝶广泛分布在英国南部，其生存范围最远可及英国中部。托马斯告诉我，"从 1982 年开始，每种蝴蝶活动范围的边界都向北移动了"。若干年前，与来自美国、瑞典、法国、爱沙尼亚等国的鳞翅学家合作，托马斯主持调查了在欧洲达到其生存地域最北界限的广生性蝴蝶的所有相关研究。这项调查总共考察了 35 种蝴蝶。科学家们发现，最近数十年里，其中 32 种的活动范围已经北移，只有一种向南移动了。

过了一会儿，太阳出来了，我们又回到了户外。托马斯那只体形相当于一匹小马的猎狗雷克斯跟在我们后面，重重地喘着气。五分钟里，托马斯认出了草地褐蝶（Meadow Brown，学名 *Maniola jurtina*）、荨麻蛱蝶（Small Tortoiseshell，学名 *Aglais urticae*）和暗脉菜粉蝶（Green-veined White，学名 *Pieris napi*）。上述蝴蝶品种打从有蝴蝶记录开始时就在约克郡周围飞舞。托马斯还发现了链眼蝶（Gatekeeper，学名 *Pyronia tithonus*）和小弄蝶（Small Skipper，学名 *Thymelicus sylvestris*），而这两种蝴蝶不久之前还被人们认定是生活在比此处更南地区的物种。"对于北部地区来说，我们目前看到的五种蝴蝶中，两种是侵入品种。"他说，"过去三十年中的某个时间,它们的生存范围扩展到了这个地区。"几分钟后,他又认出了另一种正在草上晒太阳的侵入种群——黄蛱蝶。由于翅膀收起来了,所以黄蛱蝶呈现出枯叶般暗淡的棕褐色,但如果它的翅膀展开,则是亮橙色的。

很久以前,几乎是自从人们知道气候会发生变化的事实开始,人们就认识到地球上的生命体会随气候而变化。1840 年,路易斯·阿加西(Louis Agassiz)出版了《冰川研究》(*E'tudes sur les glaciers*)一书,在书中,他提出了冰河期的相关理论。到了 1859 年,达尔文将阿加西的理论整合进了自己的进化理论。《物种起源》一书将近结尾有一个章节叫做"地理分布",达尔文在其中描述了生物的大规模迁徙,他将迁徙的原因归结到了冰川的拓展和萎缩上。

> 寒冷到来的时候,南方地区变得更适合于北极生物生长,而从前生长在这里的温带生物则不再适应当地的气候条件,最终,北极生物便会取代温带生物在这里的位置。与此同时,温带生物则会向南迁移……天气回暖之时,北极生物便要向北方回撤,紧接着更温热地区的生物也开始向北撤退。当山脚的积雪消融,北极生物便开始占据融雪后变暖的土壤,并随着温度增加而渐渐向山上迁徙。与此同时,它们的一部分兄弟则开始启程北上。

对于达尔文和他的同时代人来说,上述说法必然是推测性的。正如冰河期的存在必须依靠残存的遗迹(漂砾、冰碛、纹基岩等等)来证明,地球上物种的演替和重新分布也只能靠零散的遗迹(比如分散的骨头、昆虫外壳的化石和古代花粉的遗存)来重现。虽然古生物学家和古植物学家已经发现了越来越多历史上物种回应气候

71

变化的证据，但很多人仍想当然地认为这个过程不可能被实时观察到，而现在这一假设已经被证明是错误的。

也许除了我们大多数人所生活的都市，无论你在今日世界的任何角落，都可能观察到类似黄峡蝶北扩这样的生物学变迁。例如，最近的一项有关纽约伊萨卡附近青蛙的研究发现，6个青蛙种类中的4种，其鸣叫（也就是说交配）比从前至少提前了10天。而在波士顿的阿诺德树木园（Arnold Arboretum），春季开花之灌木的盛花期则平均提前了8天。在哥斯达黎加，像厚嘴鵎鵼（*Ramphastos sulfuratus*）这样的过去只生活在低地的鸟，如今已开始在山坡上筑巢。在阿尔卑斯山，诸如对叶虎耳草（*Saxifraga oppositifolia*）和奥地利葶苈（*Draba fladnizensis*）这样的植物，已经爬上了山顶。在加州的内华达山脉，如今人们可以在比一百年前高300英尺海拔的地方看见伊迪思格斑蝶（*Euphydryas editha*）。上面的每一个变化都可以看成是对地域环境变化的回应——可以归结到地区的气候模式或是土地利用方式的转变上去，但对全部变化都有效的唯一解释则是全球变暖。

布莱德肖—霍萨普费尔（Bradshaw-Holzapfel）实验室位于太平洋馆三楼的一角，后者是坐落于尤金市俄勒冈大学的一座古怪而丑陋的建筑。实验室的一端是一间堆满了玻璃器皿的大屋子，另一端则是两间办公室。而两者之间是几间工作室。从外面看起来，它们很像是一些冷冻室。其中一间的大门上贴着一块手写的牌子，上面写着："警告——如果你走进这间屋子，蚊子会从眼睛里把你的血吸干！"

负责这个实验室的威廉·布莱德肖（William Bradshaw）和克里斯蒂娜·霍萨普费尔（Christina Holzapfel）都是进化论生物学家，他俩合用一间办公室。早在密歇根大学读研究生时，他们就相互结识,如今则已结婚 35 年之久了。布莱德肖是一个灰发已显稀疏的高个子男人,说起话来颇为严肃。他的桌上乱七八糟地堆着一堆纸张、书本和杂志。有人来访时,他喜欢向别人展示自己奇特的收藏,其中包括一条晒干的章鱼。霍萨普费尔则身材矮小,金发碧眼。她的桌子非常整洁。

布莱德肖和霍萨普费尔从互有好感时起,就共同分享着对蚊子的兴趣。1971 年,他们建立了这个实验室。早期,他们养了几种蚊子,为了促其繁殖,蚊子们需要一种被委婉地称之为"血餐"的食物。这就需要动物活体来提供这些膳食。在一段时间里,这一需求是由摄入镇静安眠剂的老鼠来满足的。但是,随着动物实验规则变得越来越严格,布莱德肖和霍萨普费尔不得不需要在两种做法之间做出选择:是给同一只老鼠重复服用镇静剂,还是换用一只新老鼠而让先前的那只老鼠醒来发现自己满身被咬,到底哪一种做法更为人道? 最终,他们厌倦了诸如此类的问题,决定只养一种叫做北美瓶草蚊(*Wyeomyia smithii*)的蚊子,因为这种蚊子不需要依靠血就能繁殖。于是,无论何时,布莱德肖—霍萨普费尔实验室总是养着十万只以上处于各个生长阶段的北美瓶草蚊。

北美瓶草蚊是一种小而无用的虫子。(布莱德肖以"懦弱无能"一词来形容它。)它的卵和灰尘简直难以区分,幼虫看起来像极小的白色蠕虫。其成虫大约有四分之一英寸长,飞起来就好像一个朦朦胧胧的黑色污点。只有在放大镜下仔细观察这种蚊子,你才能发现它的腹部实际上是银色的,它的两条后腿优雅地放在头上,就像空中飞人一样。

北美瓶草蚊的整个生命周期(从卵到幼虫再到蛹再到成虫)几乎都是在一种植物体内完成的。这种植物叫瓶子草(*Sarracenia purpurea*),也就是我们通常所知道的紫色猪笼草。这种紫色猪笼草生长在从佛罗里达到加拿大北部的沼泽或泥炭沼中,它多褶羊角状的叶子直接从泥土中长出来,里面装满了水。春季,雌蚊子一次一个地产下卵,小心翼翼地将每一个卵放置在不同的猪笼草中。猪笼草是食肉的,当苍蝇、蚂蚁或者偶尔有小青蛙淹死在猪笼草中,它们的遗体正好为蚊子幼虫的成长提供了养料。(猪笼草并不自己消化食物,它把这项任务留给了细菌,而细菌并不伤害蚊子。)当幼虫长大为成虫,它们便重复上述过程。如果条件足够有利,一个夏天这一循环可以进行四五次。到了秋天,成虫相继死去,而幼虫则在一种滞育状态中度过冬天,完成了昆虫版本的冬眠。

　　滞育期时间的精确把握对于北美瓶草蚊的生存至关重要,同时也对布莱德肖和霍萨普费尔的研究十分重要。与大部分昆虫依靠温度、食物供应等信号调节冬眠发生的情况不同,北美瓶草蚊依靠的是光信号。当幼虫察觉到日长缩短到某一阈值以下时,它们便停止生长和蜕皮;当感觉日照已经足够长的时候,它们就从停止的地方开始接着生长。

　　就光的阈值,即临界光周期来说,沼泽和沼泽各个不同。在瓶草蚊生长地域范围的最南端,即靠近墨西哥湾的地方,有利的环境条件使得蚊子一直到秋季还可以繁殖。一只典型的佛罗里达或者阿拉巴马瓶草蚊,只有当日照长度低至十二个半小时后才开始冬眠,而此时这一纬度正好是 11 月上旬。与此同时,在瓶草蚊生长区域的最北端,冬天来临得比较早,马尼托巴湖瓶草蚊一般在 7 月下旬就进入冬眠,此时的日照已经降至十六个半小时以下。对光信号的解释能力是由基因控制的极易遗传的特性:基因决定瓶草蚊对日照作出反应的方式与其父母一致,即便它们生活在完全不同的自然环境中。(布雷德肖—霍萨普费尔实验室那些可以容人进出的冷冻室一样的屋子,每一间都包括了许多橱柜大小的储藏单元,他们在每一个单元中都装上了计时器和荧光灯。如此一来,人们便可在自己设定的明暗度下培育蚊子的幼虫。)1970 年代中期,布莱德肖和霍萨普费尔向世人证明，生活在不同高度的瓶草蚊遵守着不同的光信号,高海拔的蚊子行为类似于更北端的蚊子。这一发现在今天显得有些平凡,但在那个时候却极其引人注目,足以登上《自然》杂志的封面。

五年前，布莱德肖和霍萨普费尔开始思考，北美瓶草蚊是如何受到全球变暖的影响的。他们知道,在上一次冰期结束后,这一种类的蚊子就已经向北扩张了。此后的一千年里,南北种群的临界光周期在某个时候发生了分化。如果气候条件再一次发生变化,那么,这种分化便有可能体现在滞育期的时间控制上。对此,这对夫妇所做的第一件事就是回过头去检查一下他们的旧数据，看看其中是否包含了一些他们从前没有留心的信息。

"旧数据确实透露了类似的信息,"霍萨普费尔告诉我,"非常显而易见。"

当动物生命的常规周期发生改变时,比如说,提早产卵或是推迟冬眠,人们可能给出许多种的解释。解释之一便是,周期的改变体现了生物天生固有的灵活性。当环境变化,动物能够相应地调整它们的行为。生物学家将这种灵活性称为"表型可塑性"(phenotypic plasticity),这也正是大多数物种得以生存下来的关键。另一种可能的解释是，这种变化代表了更深层也更永久的东西——即有机体遗传密码的重新调整。

从建立这个实验室开始，布莱德肖和霍萨普费尔已经搜集了整个美国东部和加拿大大部分地区的蚊子幼虫。过去,这对夫妇总是亲自出去收集蚊子样本,他们驾驶着货车穿越美国,车上装着为女儿准备的临时床铺,还有可以对他们搜集的数千蚊子进行整理分类、标记贮存的小型实验室。如今,他们通常让研究生们出去搜集,不过研究生们一般不开车,而更多地是乘坐飞机。(当然,学生们已经认识到，背着一书包蚊子幼虫通过机场安检可能需要花上半天的时间。）

每一亚群的蚊子都向人们展现了一系列的光反应。布莱德肖和霍萨普费尔将临界光周期定义为一批样品中 50% 的蚊子从生命活跃期进入滞育状态的时间。每当收集了一批新的昆虫，他们就把幼虫放进培养皿里，然后把培养皿放进被他们称为"蚊子的希尔顿酒店"的可人工控制光源的盒子里，随后测量并记录下幼虫的临界光周期。

布莱德肖和霍萨普费尔重新查阅过去的资料文件时，他们仔细查阅了那些至少测试过两次的蚊虫群。其中的一群来自北卡罗来纳州梅肯县的马湾（Horse Cove）沼泽。1972 年，这对夫妇第一次从马湾收集蚊子时，他们的文件资料显示，蚊子幼虫的临界光周期是 14 小时 21 分钟。1996 年，他们在同一地点收集了第二批蚊子。那时，幼虫的临界光周期下降到了 13 小时 53 分钟。布莱德肖和霍萨普费尔发现，在他们的文件资料中，总共有十个不同亚群的比较数据——佛罗里达有两个，北卡罗来纳有三个，新泽西两个，阿拉巴马、缅因和安大略省各一个。在每一个案例中，光周期总是随着时间的推移而缩短。他们的数据还显示，地点越是靠北，影响就越大；一项回归分析表明，生活在北纬 50 度的蚊子的临界光周期已经缩短了 35 分钟，而滞育期则相应地推迟了 9 天。

对别的蚊子来说，这种变化可以看成是有机体应对环境变化时的一种可塑性。但对北美瓶草蚊来说，在滞育期的时机选择方面不存在灵活性，因为无论是暖是寒，这种蚊子所能做的只有解读光源一项。由此，布莱德肖和霍萨普费尔认识到，他们看到的这种变化肯定是遗传性的。当天气变暖，那些到了深秋还保持活跃状态的蚊子享受了一种选择性优势，这大概是因为它们能够为冬天多储存几天能量。这些蚊子把这一优势传给了子孙后代。2001 年 12 月，布莱德肖和霍萨普费尔在《美国国家科学院报》发表了自己的研究成果。这样一来,他俩变成了最早证明全球变暖已经开始干预进化 79 的学者。

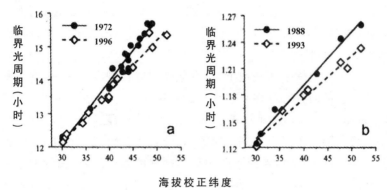

海拔校正纬度

北美瓶草蚊的临界光周期随着时间的推移而显著缩短,在纬度越高的地方,
变化越明显。引自布雷德肖(W. Bradshaw)和霍萨普费尔(C. Holzapfel),
《美国国家科学院院报》(PNAS),第 98 卷(2001 年)。

　　蒙特维多(Monteverde)雾林位于哥斯达黎加中北部,横跨蒂拉兰山脉。起伏不平的地形加上从加勒比海上吹来的信风,使得这一地区的气候显得极为多样。在不到 250 平方英里的地域里,一共有七个"生物带",而每个生物带都有自身独特的植物品种。雾林四周都是陆地,然而,从生态学的意义上来说,它是一个岛。和其他岛的情况一样,它展现了高度的地方特殊性和生物特异性。举例来说,在蒙特维多植物群中,大概足有十分之一被认为是这一地区所独有的。

　　蒙特维多最为著名的地方性物种是(或者至少曾经是)一种小蟾蜍。这种动物俗称"金蟾蜍",是由来自南加州大学的生物学家杰伊·萨维奇(Jay Savage)正式发现的。萨维奇从一群居住在森林边上的教友会教徒那里听说了这种蟾蜍。然而,据他后来回忆,当他于 1964 年 5 月 14 日在一座高山的山脊上第一次碰见这种蟾蜍时,他当时的反应仍是"难以置信"。蟾蜍大多是暗棕、浅灰绿或橄榄色的,而这只蟾蜍却是一团熊熊燃烧的橘色。萨维奇将这个新物种命名为 Bufo periglenes,语出希腊词汇,意思是明亮鲜艳,而他发表在《发现》杂志上的文章题名为"来自哥斯达黎加的一种奇特的新蟾蜍(Bufo)"。

80

由于金蟾蜍生活在地下,只在繁殖时才出现在地表,因此大部分关于它的研究都与性有关。蟾蜍被确认是一种"爆发性繁殖者"(explosive breeder)。雄性蟾蜍从不划地而居、捍卫自己的领地,而只是突袭第一个可以得到的雌蟾蜍,寻找机会骑到它的身上。("抱合"[Amplexus]是用来描述两栖动物拥抱的术语。)雄蟾蜍的数量要远远超过雌蟾蜍,有些年头数量甚至达到十比一。这种情况通常会造成单身汉袭击正在抱合的一对蟾蜍,从而形成萨维奇形容的"扭动翻滚的一个个蟾蜍球"。金蟾蜍的卵是黑褐色的球体,通常被放在仅仅一英寸深的小水塘——小水坑里。仅仅几天蝌蚪就出现了,当然还需要四五星期来完成从蝌蚪到蟾蜍的蜕变。在此期间,它们极端依赖天气条件。若雨水太多,它们就有可能被冲下陡峭的山腰;若雨水太少,它们待的水坑则可能干涸。金蟾蜍只出现在萨维奇最初发现它们之处的方圆几英里内,并且总是待在海拔大约在 4900 英尺到 5600 英尺之间的山顶上。

1987 年春天,一位特地到雾林来研究金蟾蜍的美国生物学家,在临时的繁殖水坑里发现了 1500 只金蟾蜍。那个春天异常地温暖和干旱,大部分的水坑在蝌蚪还没有来得及发育成熟之前就已经蒸发干了。第二年,在从前是主要繁殖地点的地方,人们只发现了1 只雄蟾蜍。而在几英里远的第二个地点则发现了 7 只雄蟾蜍和 2只雌蟾蜍。再往后一年,在此前曾经发现金蟾蜍的所有地点,仅出

81

现了 1 只雄蟾蜍。此后,人们再没有发现过金蟾蜍。普遍认为,经过几十万年有趣而秘密的生存,如今金蟾蜍已然灭绝了。

1999 年 4 月,蒙特维多保护区金蟾蜍保护实验室的负责人阿兰·庞兹(J. Alan Pounds),在《自然》杂志上发表了一篇有关金蟾蜍之死的文章。在文章中,他将金蟾蜍的灭绝和另外几种两栖物种的数目削减,与雾林降水类型的变化联系了起来。这些年来,测不到降雨量的日子显著增加,而这种变化正与云层海拔高度增加的情况相符合。在同一期《自然》杂志上的另一篇文章中,一群来自斯坦福大学的科学家汇报了他们模拟雾林未来的研究成果。他们预测,由于全球的二氧化碳水平还将继续上升,蒙特维多保护区及其他热带雾林的云层高度还将继续攀升。他们推测,这将迫使越来越多的高海拔物种"灭绝"。

当然,气候变迁(包括剧烈的气候变迁)本身就是自然秩序的一部分。对于地球上的植物群落来说,过去的两百万年是特别动荡和不稳定的。除了冰川周期所带来的气候变迁,还有其他数十次气候突变,新仙女木期即是其中一例。

汤普逊·韦布(Thompson Webb III)是任教于布朗大学的古生态学家。他主要研究花粉颗粒和蕨类孢子以重现古代植物的生命状态。1970 年代中期,韦布开始建立北美湖泊花粉记录的数据库。(当一粒花粉落到地面上,它通常先氧化而后消失;但如果它被吹到水体上,就会沉到水底,混在沉淀物中保存数千年之久。)这个项目花了将近二十年才完成。最后结项时,其研究成果正说明了美洲大陆气候发生变迁时生命体是如何重新安置自身的。

就在我到尤金市拜访布莱德肖和霍萨普费尔的几个月后,我去普罗维登斯和韦布进行了交谈。他在大学的地理化学楼里有一间办公室和一间实验室。那天,他的一个研究助手正在实验室里仔细观察一场古代森林火灾遗留下来的碳颗粒。韦布从柜子里取出了一些载玻片，并把其中的一块放在了显微镜的镜头下。大部分花粉颗粒的直径都在 20 到 70 微米之间。为了识别它们，必须将这些花粉放大四百倍。通过凝视目镜，我看到了一个微小的球体，表面像高尔夫球那样布满了凹坑。韦布告诉我，我看到的是一颗桦树花粉颗粒。随后他换上了另一块载玻片，又一个微小的高尔夫球被对

83 焦。这是山毛榉花粉，韦布解释道，根据花粉上有一组三分的凹槽可以认出。"你看，它们是完全不同的。"他对比着这两种颗粒。

　　过了一会儿，我们来到了韦布的办公室。他在计算机上调出了一个名叫花粉 3.2 的程序（Pollen Viewer 3.2），紧接着一幅公元前 19000 年的北美地图出现在了屏幕上。在那段时间里，末次冰期的冰原拓展到了最大范围。这幅地图显示，劳伦太德冰原覆盖了整个的加拿大地区，还有新英格兰的大部分地区和中西部地区的北部。由于大量的水被冻结在了冰里，所以那时的海平面比现在要低 300 英尺。在地图上，佛罗里达看起来像个又短又粗的节疤，宽度相当于今天的两倍。随后，韦布又点击了"运行"指令，时间一千年一千年地推进。冰原收缩了。加拿大中部形成了一个巨大的湖泊——阿加西湖，数千年后，湖泊干涸。五大湖出现，进而加宽。到了大约八千年前，开阔的水面终于出现在了哈得逊湾地区。海湾随后又开始收缩，因为先前在冰原重压之下的陆地正在反弹。

　　韦布点击了一个下拉菜单按钮，菜单上列着数十种树木和灌木的拉丁名字。他选择了松树（*Pinus*），然后点击"运行"。深绿色的斑点开始在大陆上移动。程序显示，两万一千年前，松树林覆盖了冰原南部的整个东海岸。一万年后，松树集中分布于五大湖周围，而今天松树则主要分布在美国东南部和加拿大西部。韦布又点击

84 了橡树（*Quercus*），一个相似的程序开始了，但橡树的移动方式与松树大相径庭。他还点击了山毛榉（*Fagus*）、桦木（*Betula*）和云杉

（*Picea*）。当地球变暖,大陆从冰川中逐渐显露出来之时,每一个树种都发生了迁移,但任何两种树木的移动轨迹都不是完全一样的。

"你得记住气候是多变的,"韦布解释道,"植物不仅要应对温度变化和湿度变化,还必须应对季节性差异的变化。比如,更干燥的冬季与更干燥的夏季就存在着很大的差异,因为一些物种适合于春天,而另一些则更适合于秋天。每一个现有的植物群落都是一个特定的混合体。如果气候开始变化,温度发生变化,其他如湿度、降雨时间、降雪量等等也将发生变化,然而,植物物种却并不会随之一起变动,因为它们不能动。"

韦布指出,他们预测的下个世纪的气候变暖,大约和末次冰期与现在的温差差不多。"你知道那将给我们带来一幅完全不同的图景。"我问他认为这幅图景将是怎样的,他说不知道。三十多年的研究结果告诉他,当气候发生变化,物种通常会以一种出人意外的方式迁移。在短期内,也就是在他的有生之年,韦布说他主要预期看到的是现有物种秩序的瓦解。

"人类有一种关于进化等级的奇怪想法,认为微生物由于是最 85 先出现的,因而也就是最为原始的。"他说,"然而,你完全可以争辩说,这会给微生物带来许多的有利条件,因为它们能够更快地进化。气候将生物和生态系统置于压力之下,一方面,它为入侵物种提供了机会,另一方面,它也为疾病提供了机会。我想我开始思考:思考死亡。"

今日我们四周的任何一个物种,其中也包括我们自己,都是过去灾难性气候变化的幸存者。然而,在一次或者数次气候变化中幸存下来,却并不能保证它们也能在下一次灾难中幸存。拿那些曾经主导了北美景观的巨型生物群(比如 750 磅重的剑齿猫科动物、巨型地獭和 15 英尺高的乳齿象)来说,这些巨型生物都挨过了数个冰期循环,但在全新世的开端,当某些气候条件发生变化,它们却几乎同时灭绝了。

在过去的两百万年里,即使地球的温度曾经大幅变化,也一直保持着某种限度:这个星球一般比现在冷,很少比现在暖,要变暖也只是稍微有点暖。如果地球以现在的速率继续变暖,那么,到本世纪末,温度便会超出自然的气候变化的"极限"(envelope)。

86 同时,由于我们自己的原因,今天的世界已经变成了一个完全不同的(在很多情况下是衰退的)世界。国际贸易引进了国外的害虫和竞争生物;臭氧层的变薄加速了地球暴露在紫外线中的过程;过度捕猎和采伐使得很多物种濒临灭绝或者已经灭绝。也许更为重大的是,人类的活动,诸如农场、城市、住宅小区、开矿、伐木和停车场等等的形式,不断减少着可供动植物栖居的地盘。拉塞尔·库普(G. Russell Coope)是伦敦大学地理系的客座教授,也是世界上研究古代甲虫的顶级权威之一。他告诉人们,在气候变化的压力下,昆虫们已经进行了长途迁徙。例如,浮雕圆胸隐翅虫(*Tachinus caelatus*)是一种更新世寒冷期在英格兰地区常见的暗棕色小甲虫,如今却只能在五千英里以外的蒙古乌兰巴托以西的山区才能找到。但对于在今日碎片化景观中长距离迁徙是否仍然有效的问题,库普持怀疑态度。库普写道,今日的许多生物都生活在与"海岛或者偏远山顶"性质相似的地区,"由于我们对生物的迁移强加了许多新的限制,因此,对于推测这些生物未来将如何应对气候变化,我们有关这些生物历史上所做反应的知识也许将毫无用处。麻烦的是,我们已然搬动了球门的门柱,因此也就开始了一场规则全新的球赛"。

几年前,来自世界各地的十九位生物学家准备对全球变暖将

87 引发的生物灭绝的危险做一个"初次"预测。他们收集了1100个动植物物种的数据,样本搜集区域覆盖了地球表面大约五分之一的

面积。然后,他们基于温度降雨等气候变量确定了物种当前的分布范围。最后,他们计算出在不同的变暖环境下有多少物种的"气候极限"还能幸存。2004 年,这一研究成果发表在了《自然》杂志上。在相对中庸地估计温度升高幅度的情况下,生物学家们推断,假定抽样地区的物种是高度流动迁徙的,那么到本世纪中期,它们中的15%将"灭绝";如果这些物种是基本固定的,那么多达 37%的物种将可能灭绝。

高山红眼蝶(Mountain Ringlet,学名 *Erebia epiphron*)是一种在圆形翅膀边缘长着橙色和黑色斑点的暗褐色蝴蝶。它以食用一种叫席草(matgrass)的粗劣的穗状草为生,并以幼虫的状态过冬,而成虫只拥有 1 到 2 天的极为短暂的寿命。作为一种山区物种,它只生存于苏格兰高地海拔超过 1000 英尺的地方,或者生活在更靠南的英国湖区海拔超过 1500 英尺的地方。

与约克大学的同事们合作,克里斯·托马斯已经监测高山红眼蝶以及其他三种蝴蝶好几年了。这其他三种蝴蝶是黑红眼蝶(Scotch Argus,学名 *Erebia aethiops*)、图珍眼蝶(Large Heath,学名 *Coenonympha tullia*)和白斑爱灰蝶(Northern Brown Argus,学名 *Aricia artaxerxes*),它们差不多都分布在英格兰北部和苏格兰的几个地区。2004 年夏天,这个研究项目的参与者访问了这些"狭生性"蝶种曾经被目击的近六百个地点。第二年,他们又重复了这一旅程。证明一个物种的收缩远比证明它的扩张要困难得多。到底是它们真的飞走了,还是我们错过了它们?然而,初步的证据已经表明,这些蝴蝶已经从低海拔的地方——也就是说更暖和的地方消失了。我去拜访托马斯的时候,他正准备带着家人去苏格兰度假,并计划去重新核查其中的一些目击点。他坦言:"这是一个没有休息的假期。"

我们在后院一边溜达一边寻找黄蛱蝶的时候，我问作为这项生物灭绝研究主要作者的托马斯，他对所看到的变化作何感想。他告诉我，他觉得由气候变化所提供的这次研究机会是令人兴奋的。

"在很长的一段时间里，生态学都在试图解答为什么物种的分布会是现在这个样子，为什么一个物种可以在此处生存却不能在彼处存活，为什么一些物种的分布范围极小而另一些则非常广阔。"他说，"我们一直以来的问题是将生物的分布状态看成是十分静态的。我们不能看见分布范围边界的变化过程是如何发生的，不知道究竟是什么在驱动着这些变化。一旦所有的东西都开始移动，我们便开始体会：气候是决定性因素吗？还是其他因素，比如物种之间的相互影响？当然，如果你想到过去一百万年的历史，如今我们就有机会去尝试理解过去物种是如何应对的。从纯粹的学术角度来看，展望每一物种分布范围变化，以及来自全世界物种的新混合逐渐组成新的生物群落，都是极为有趣的话题。

"但另一方面，鉴于物种可能灭绝的结论，对我个人来说，这将是一种严肃的关注。"他继续说道，"如果全球四分之一物种将因为气候变化而面临灭绝的危险（人们常说'像金丝雀'），如果我们剧烈地改变了生态系统，那么我们便不得不担扰自然生态系统所提供的那些服务是否还能继续下去。从根本上说，我们种植的所有作物都是生物物种，所有的疾病都是生物物种，所有的疾病带菌者也都是生物物种。如果有绝对的证据表明物种正在改变它们的分布情况，那么我们也同样可以预见到作物、害虫和病菌分布的改变。我们只有一个地球，但我们却正在将之带进一个从根本上说后果未知的发展轨道。"

第二部分

人　类

第五章

阿卡德诅咒

世界上第一个帝国大约建立于四千三百年前，地处底格里斯河和幼发拉底河之间。有关阿卡德的国王萨尔贡（Sargon）建立这一帝国的细节，以一种介乎于历史与神话之间的形式流传至今。虽然萨尔贡（阿卡德语为 Sharru-kin）几乎肯定是一个篡位者，但这个名字的意思却是"真正的王"。据说，萨尔贡和摩西一样，还是婴儿的时候，在一只漂浮于河上的篮子里被人们发现。长大后，他成了古巴比伦最强大城市基什统治者的侍酒官。萨尔贡梦见他的主人乌尔扎巴巴（Ur-Zababa）将会被女神伊南娜（Inanna）淹死在血河里。乌尔扎巴巴听说了这个梦后，决定除掉萨尔贡。这一计划最终为何会落空，我们不得而知，因为人们从未找到过与这一故事结尾相关的任何文本。

直到萨尔贡在位，巴比伦的城市大多是独立的城邦。基什、吾珥、乌鲁克和乌玛的情况都是如此。有时它们也短暂地结为联盟。现存的楔形文字泥板证明了曾经存在过政治婚姻和外交礼物。当然，大多数时候，这些城邦还是处在不断的相互征战之中。萨尔贡首先征服了巴比伦众多不易征服的城市，而后又攻克（或者至少说洗劫）了今天位于伊朗境内的埃兰等地。他从阿卡德城发号施令来统治整个帝国,该城的遗址一般被认为是在巴格达的南部。据记载"在他的军队驻地,每天有五千四百人用餐"。照此推测,他可能养着一支数量庞大的常备军。后来,阿卡德的领导权最远延伸到了以盛产谷物而闻名的叙利亚东北部的哈布尔(Khabur)平原。萨尔贡逐渐被认为是"世界之王"。其后,他的子孙又将其头衔夸大为"宇宙四极之王"。

　　阿卡德的统治是高度集中的,由此预示了后来帝国的行政体系。阿卡德人通过征税来维持庞大的地方官僚网络。他们推行标准的度量衡,1古尔(gur)大约等于300公升。他们还强制推行统一的纪年系统,每一个年份都用当时发生的重大事件来命名。例如,"萨尔贡摧毁马里城之年"。阿卡德行政系统集中水平之高,即便是记账泥板的形状和设计,也都是由皇帝钦定的。阿卡德的财富还体现在艺术品上,其精致自然的程度当属空前。

　　萨尔贡大约统治了五十六年,然后他的两个儿子继位,又一共94 统治了二十四年,随后是他的孙子纳拉姆辛(Naram-sin),后者宣称自己是天神。接下来又由纳拉姆辛的儿子即位。然后,阿卡德突然崩溃了。短短三年之中,四个人都曾短暂地称帝。"谁是国王?谁不是国王?"苏美尔国王世系表曾经如此发问,这也是最早的有关政治讽刺的文字记录。

　　挽歌"阿卡德诅咒"写作于帝国衰亡的一百年间。它将阿卡德的衰亡归因为对众神的触犯。由于被一系列不祥的神谕所激怒,纳拉姆辛洗劫了风雨神恩利尔(Enlil)的庙宇,而后者为了报复,决定杀死纳拉姆辛及其人民:

　　　　自建城以来的第一次,
　　　　大片的农田颗粒无收,

被淹没的地带不产鱼类，

灌溉的果园不出产果汁和葡萄酒，

云层聚集却没有雨水，麦子不再生长。

那时，一谢克尔只能换半夸脱油，

一谢克尔只能换半夸脱谷物……

所有城市的市场上都是这个价，

睡在屋顶上的死在屋顶上，

睡在房子里的不得埋葬，

人们因为饥饿而敲打自己。

95

一直以来，就像萨尔贡的出生细节一样，"阿卡德诅咒"所描述的事似乎是虚构的。

1978年，耶鲁大学一位名叫哈维·魏斯（Harvey Weiss）的考古学家，通过仔细查阅耶鲁斯特林纪念图书馆中收藏的一套地图，在伊拉克边境哈布尔河平原两条干涸河床的交汇处，发现了一个看起来颇具价值的土堆。于是，他与叙利亚政府接洽，希望能够得到允许来发掘这一土堆。令他稍感吃惊的是，这一请求立刻就被批准。不久，他便在此发现了一个业已消失的城市。这座城市在古代被称为塞赫那（Shekhna），如今则叫做莱兰丘（Tell Leilan）。

在接下来的十年里，魏斯和他的团队（由他的学生和当地劳动力组成）着手发掘了一座卫城，一个有街道连接的拥挤的居民住宅区，和一大堆贮藏谷物的屋子。他发现，莱兰丘的居民已经开始种植大麦和各种小麦，并且用推车来运输农作物，而就留下的文字看，他们已在模仿更为先进的南部邻居的文字风格。与当时这一地区的众多其他城市一样，莱兰丘拥有一套由城邦主持的组织严格的经济体系：人们按照年龄大小和从事的工种，获得政府定量供给的大麦和油。他们发现了自阿卡德帝国时代以来的成千上万相似的陶瓷碎片，这表明居民们都接受了以大批生产的一公升容器装96 的定量配给的食物。通过仔细检查这些和其他手工艺品，魏斯建构了一条有关这座城市历史的时间线索，它最早是一个小小的农业乡村（大约公元前 5000 年），其后发展为一个有三万人口的独立城市（公元前 2600 年），最后在帝国统治下完成重组（公元前 2300 年）。

在魏斯及其团队进行挖掘的地方，他们还碰到了一层没有任何人类居住迹象存在的土层。这一土层位于超过三英尺深的地下，大约对应于公元前 2200 年到 1900 年。这表明，在阿卡德衰败前后，莱兰丘已被彻底废弃了。1991 年，魏斯将莱兰丘的土壤样品送到实验室进行分析。实验结果显示，大约在公元前 2200 年左右，就连这个城市的蚯蚓也已经灭绝了。最终，魏斯逐步认定，莱兰丘毫无生命迹象的土壤和阿卡德帝国的终结，都是同一现象的产物。这一现象就是长期的严重干旱，用魏斯的话说，这是一个"气候变化"的案例。

1993 年 8 月，魏斯在《科学》杂志上首次发表了自己的理论。自此以后，灭亡与气候变化息息相关的文明的名单列表不断增加。它们包括了公元 800 年前后在其发展顶点灭亡的著名的玛雅文明；在安第斯山脉中、的的喀喀湖畔繁荣了一千多年，随即又在公元1100 年前后瓦解的蒂瓦纳科（Tiwanaku）文明；还有与阿卡德帝国差不多同时灭亡的古埃及王国。（在一段与"阿卡德诅咒"出奇相似97 的叙述中，埃及祭司伊浦耳如此形容这一时代的极度痛苦的生活状况："瞧，沙漠吞噬了土地。城镇荒芜……食物缺乏……贵妇像女仆一样受苦。看，那些已埋葬的尸体被抛在高地上。"）随着新证据的出现，上述最初看起来颇具煽动性的假说，如今已经变得越来越令人信服了。例如，玛雅文明是因气候变化而灭亡的想法是 1980

年代才首次提出的,其时几乎没有气候学的证据来证明它。1990年代中期,美国科学家研究了尤卡坦中北部奇乾坎纳布(Chichancanab)湖沉淀物的岩芯,发现这一地区的降水规律在九世纪、十世纪发生了变化,从而导致了长期的干旱。最近,一群研究者们研究了从委内瑞拉沿海采集来的海洋沉积物的岩芯,得出了有关这一地区更为详细的降雨记录。他们发现这一地区从公元750年开始经历了一系列严重的"多年的干旱事件"。著名的玛雅文明的灭亡,曾被形容为"人类历史上损害程度堪与其他任何灾难相比的人口灾难",据推测它毁掉了数百万的生命。

影响了过往文明的气候变迁,都发生在工业化时代之前数百或数千年。这些变迁体现了气候系统天生固有的可变性,无法为当时的人类社会群体所预知。受惊的阿卡德人将自身遭遇的苦难理解成了神灵的惩罚。与之不同,现如今人们预测的下个世纪气候变迁可归因于某些力量,其原因是我们已知的,其程度和范围也将由我们决定。

戈达德空间科学研究所(GISS),坐落在哥伦比亚大学主校区的南部,百老汇大街和西112街交会之处。这座研究所并没有明显的标记,但大多数纽约人也许都认识它:它的底楼是汤姆餐馆,这是一家因电视喜剧《宋飞正传》(Seinfeld)而闻名的咖啡店。

四十五年前,戈达德空间科学研究所是作为美国航空航天局的一个前哨基地来充当行星研究中心的。如今,它的主要职责是提供气候预报。这个研究所大约有150名雇员,他们大都把时间花在运算上,计算成果可能会(或可能不会)最终被纳入研究所的气候模型中去。他们中有的人研究能够描述大气变化的运算法则,有的研究海洋变化,有的研究植被变化,有的研究云层变化,还有的则专门负责考察把上述这些运算法则结合到一起的结果是否与真实的世界相符合。(曾经有一次,当他们对气候模型做出一些修订后,热带雨林上空竟然显示为几乎无雨。)该研究所最新公布的模型版本是 ModelE,由 125000 行计算机代码构成。

戈达德空间科学研究所的所长詹姆斯·汉森(James Hansen)在研究所第七层占据着一间宽敞但却乱得出奇的办公室。(我大概在第一次拜访他的时候就露出了不舒服的表情,因为第二天我收到一个电邮,向我保证这间办公室"已经比以前收拾得好多了"。)六十三岁的汉森,是一个长着瘦削脸庞、少许棕色头发的瘦子。虽然他和其他科学家一样为宣传全球气候变暖的危险做了不少事,但他本人却沉默寡言到几乎可以说是害羞的程度。当我问他是如何发挥了这么显著的作用时,他只是耸了耸肩,"环境。"他答道。

汉森是 1970 年代中期开始关心气候变化的。在詹姆斯·范艾伦(James Van Allen,"范艾伦辐射带"即用其名字命名)的指导下,他撰写了关于金星气候的博士论文。他在论文中提出,表面温度为华氏 876 度的金星主要靠层层的阴霾来保持温度。后来,空间探测器显示,金星确是依靠二氧化碳含量高达 96% 的大气层来隔热的。当可靠的数据显示出地球温室气体水平的现状时,用汉森自己的话来说,他被"迷住"了。他认定,一个在人一生中有可能发生大气变化的星球远比一个持续炎热的星球要有趣得多。美国航空航天局的一群科学家们曾创出一套计算机程序,以努力改进卫星数据天气预报的技术水平。而汉森和其他六位研究者组成的团队则对其进行了修订,以使它能够完成对温室气体不断积聚时代全球温度变化的长期预报。这个项目耗费了将近七年的时间才最终完成,其成果便是第一版的 GISS 气候模型。

那时,几乎没有什么实证证据可以用来证明地球正在变暖的观点。由仪器测量的连续的温度记录也只能追溯到十九世纪中期。

这些记录显示，二十世纪上半叶全球平均温度上升，而五六十年代又下降了一些。然而，到 1980 年代早期，汉森在他的模型中获得了足够的信心，开始做出一系列越来越大胆的预报。1981 年，他预报"二氧化碳引起的变暖问题将会（在 2000 年左右）从自然气候变化的背景干扰中凸显出来"。在异常炎热的 1988 年夏季，他出现在了参议院的小组委员会上，宣称他"百分之九十九"地坚信"全球变暖正在影响着我们的星球"。1990 年，他出价 100 美元与一屋子的科学家同行打赌：或许就是当年，或许是明后年，地球温度将达到历史最高。具体来说，这一年不仅要创下地表温度的最高纪录，而且也将是海洋表面温度和大气底层温度的最高纪录。六个月后，汉森赢得了这场打赌。

与所有的气候模型相似，GISS 的模型将世界分成了一个个的小格子。地球表面覆盖着 3312 个格子，在从地球表面向空中爬升的过程中，上述模型被重复叠加了 20 次。如此一来，整个的排列就可以被想象成一个个摞起来的巨大的象棋棋盘。而每一格则代表了纬度 4 度、经度 5 度的区域。（每一格的高度根据海拔不同而变化。）当然，在真实世界中，如此大的一块区域一定会具有数不清的特征，但在模型世界中，湖泊、森林和全部的山脉等都被压缩在一套有限的特征中，用数值近似法表达了出来。对于这一格子构成的模型来说，时间一般以半小时为单位非连续性地向前移动，这也就意味着每隔三十分钟，就有一套新的运算开始运行。根据格子代表地球区域的不同，这些计算将会包含数十种不同的运算法则。照此算来，模拟下一个百年气候情况的模型运算将包括超过一千万亿次独立的运算。而在巨型计算机上做一次 GISS 模型的全面运算通常需要一个月的时间。

101

102

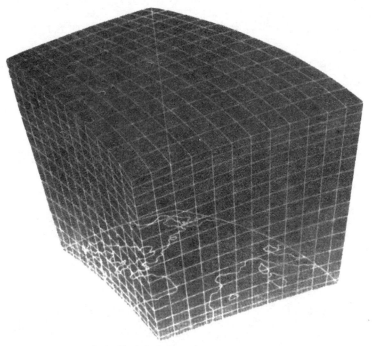

气候模型将世界分成了一个个的格子。
引自《全球变暖：完整简介》(*Global Warning：The Complete Briefing*，
Cambridge University Press)

　　宽泛地讲，一个气候模型中有两种类型的等式。第一组体现的是基本的物理原则，比如能量守恒和万有引力法则。第二组描述（技术术语是"用参数表述"）的是实际观察到的但却一知半解的模式和交互作用，或是那些小单位空间发生、对大空间必须加以平均而得出数据的过程。这里我们可以举一个例子。这个例子是 ModelE 的一个组成部分，用计算机语言 FORTRAN 写成，处理的是有关云的信息。

C**** COMPUTE THE AUTOCONVERSION RATE OF CLOUD WATER TO
PRECIPITATION

    RHO=1.E5*PL(L)/(RGAS*TL(L))
    TEM=RHO*WMX(L)/(WCONST*FCLD+1.E-20)
    IF(LHX.EQ.LHS) TEM=RHO*WMX(L)/(WMUI*FCLD+1.E=20)
    TEM=TEM*TEM
    IF(TEM.GT.10.) TEM=10.
    CMI=CM0
    IF(BANDF) CM1=CM0*CBF
    IF(LHX.EQ.LHS) CM1=CM0
    CM=CM1*(1.-1./EXP(TEM*TEM))+1.*100.*(PREBAR(L + 1) +
    * PRECNVL(L+ 1)*BYDTsrc)
    IF{CM.GT.BYDTsrc) CM=BYDTsrc
    PREP(L)=WMX(L)*CM
    END IF
C**** FORM CLOUDS ONLY IF RH GT RH00
    219 IF(RHI(L).LT.RH00(L)) GO TO 220
C**** COMPUTE THE CONVERGENCE OF AVAILABLE LATENT HEAT
    SQ(L)=LHX*QSATL(L)* DQSATDT(TL(L),LHX)* BYSHA
    TEM=-LHX*DPDT(L)/PL(L)
    QCONV=LHX*AQ(L)-RH(L)*SQ(L)*SHA*PLK(L)*ATH(L)
    * -TEM*QSATL(L)*RH(L)
    IF(QCONV.LE.0.0.AND.WMX(L).LE.0) GO TO 220
C**** COMPUTE EVAPORATION OF RAIN WATER, ER
    RHN=RHF(L)
    IF(RHF(L).GT.RH(L)) RHN=RH(L)

所有气候模型处理物理原则的方式都是相同的，但在对诸如云信息这样的现象进行参数化的时候，这些模型所采取的方式却不尽相同，由此也就会得出不同的结果。同时，由于真实世界中影响气候的力量也是多种多样的，因此，就像医学院的学生那样，不同的气候模型各自都术有专攻。GISS 的模型专门研究大气状态，而其他模型则有的专攻海洋状态，有的专攻陆地表面和冰原表面。

11 月一个有雨的下午，我去戈达德空间科学研究所参加了他们的一个会议。这次会议聚集了该研究所模型团队的成员。我到达时，在汉森办公室对面的会议室里，大约二十位男士和五位女士正坐在破旧的椅子中。那时，研究所正在为联合国政府间气候变化小组（IPCC）进行一系列的运算。这些运算已经逾期，专门委员会很显然已经越来越没耐心了。汉森在墙壁屏幕上一张张地放映着图表，总结着他们迄今为止所得出的运算结果。

要想验证特定的气候模型或是气候模型运算，最明显的难处便在于结果所带有的预期性特点。正因为此，人们通常将模型运用到历史语境中去，看看这一模型是否能很好地再现我们已经观察到的趋势。汉森告诉小组成员，他很高兴看到 ModelE 所再现的1991 年 6 月菲律宾皮纳图博火山爆发的后果。火山爆发释放出大量的二氧化硫（皮纳图博火山大约释放了两千万吨气体），在平流层凝结成微小的硫酸盐滴。这些小滴或悬浮颗粒把阳光反射回太空，从而给地球降温。燃烧煤、油和生物所产生的人造悬浮颗粒尽管会对健康造成损害，但也反射太阳光，从而与温室效应相抵消。（人造悬浮颗粒的影响很难测量；然而，如果没有它，地球变暖的速度必然会更快。）悬浮颗粒的降温作用取决于小滴在大气中悬停的时间长短。1992 年，皮纳图博火山爆发后，当时正处在急剧上升中的全球温度竟降了半度。随后，温度又重新回升。ModelE 以 0.09 度的误差成功地模拟了这次火山爆发的后果。"这是一个非常漂亮的试验。"汉森给出了这一简洁的评价。

* * *

一天,我去汉森乱糟糟的办公室和他聊天。他从公文包中拿出了两张照片。第一张照片上,一个脸胖乎乎的五岁女孩儿在一个脸更胖的五个月大的婴儿面前,拿着一只微型的圣诞树灯。汉森告诉我,这个女孩儿是他的孙女索菲,而这个男孩是他新添的孙子康纳。照片的说明文字上说"索菲解释温室效应"。第二张照片上是婴儿在欢笑,旁边的说明文字写着"康纳明白了"。

在谈及驱动气候变化的因素时,建模者关注的是他们所谓的"营力"(forcings)。一个营力即是改变气候系统能量的任何连续的过程或单独的事件。自然力的案例除了火山爆发,还包括了地球轨道的周期性变化和太阳辐射输出的变化(比如太阳黑子引发的变化)。对于过去诸多的气候变化,人们并不知道与之相关的营力到底是什么。例如,无人确切知晓到底是什么引发了 1550 年到 1850 年发生在欧洲的所谓"小冰期"。与此同时,一个巨大的营力将会产生相应的巨大而又明显的后果。戈达德空间科学研究所的一位专家对我这样说:"如果太阳爆炸成为超新星,我们也能为其后果建模。"

用气候科学的术语来说,燃烧矿物燃料或夷平森林所导致的大气中二氧化碳及其他温室气体含量的增加,是一种人为的营力。前工业化时代以来,大气中的二氧化碳含量已经上升了大约三分之一,从 280ppm 增加到 378ppm。与此同时,大气中的甲烷含量也已翻倍,从 0.78ppm 上升到 1.76ppm。科学家们用瓦特/平方米(w/m^2)来测量营力的大小。这个单位表示地球表面每一平方米上增加(在反营力的情况下则是"减少",比如悬浮微粒)的瓦特数量。而现在我们估测的温室营力的大小是 2.5 w/m^2。一个小型圣诞灯大约释放 0.4 瓦特的能量,其中的大部分能量表现为热,由此,就效果来说（正如索菲可能告诉康纳的），我们已经以每平方米六个的密度用这种小灯泡覆盖了地球。这些灯泡一天二十四小时、每周七天、年复一年地发着热。

如果温室气体继续保持在今日的排放水平，据估计，大约需要几十年的时间，人们才会完全感受到这一已经施加的营力的影响。这是因为提高地球温度不仅意味着加热空气及地表，还意味着融化海冰和冰河，最重要的是还会加热海洋，而这所有的过程需要大量的能量。（想象一下用烘焙炉融化一加仑冰淇淋或烧一壶水。）气候系统的这种滞后特性从某种意义上来说是幸运的，使我们得以在气候模型的帮助下预见未来的变化，并为此作好应对的准备。但从另一种意义上讲，很显然它又是灾难性的，因为它允许我们继续向大气排出二氧化碳，把后果抛给了我们的儿孙。

有两种方式来运行气候模型。一种被称为暂态运行，即温室气体被缓慢地加进模拟的大气中（就好像加入真的大气时一样），然后，模型预报这些添加行为在特定时刻的后果。第二种是将温室气体一下子加进大气中，模型会在新的水平上运行，直至气候完全适应营力达到新的平衡（一点也不奇怪的是，这被称作平衡运行）。

按照 GISS 模型的平衡运行的预测，如果二氧化碳排放量加倍，全球平均温度将上升 4.9 华氏度。温度升高只有三分之一可直接归因于温室气体水平的升高，更多的则是源于间接影响，比如海冰的融化就让地球吸收了更多的热。最为著名的间接影响就是"水汽反馈"。由于温暖的空气带有更多的水分，高温便会导致大气含有更多的水汽，而这水汽也正是一种温室气体。在最近展开的对二氧化碳加倍情况的预测中，GISS 的预测数值还是最低的一个。英国气象局下属的哈德利中心（Hadley Centre）模型预测，在这种条件下，最终温度将会上升 6.3 华氏度。而日本国立环境研究所则预言

温度会上升 7.7 度。 108

在日常生活的语境中,温度提高 4.9 甚或 7.7 度,看起来并不太让人担心。就在我去参加戈达德空间科学研究所模型会议的那天,正是车站 11 月里阴沉的一天。早上七点的时候,中央公园的温度是 52 华氏度,而下午两点则上升到了 60 华氏度。在一个平常的夏日,这种温度上升的数值通常会达到 15 华氏度以上。然而,全球平均温度与日常生活基本无涉。气候史上的大起大落也许是最好的证明。我们所说的"上一次冰期最盛期"发生在大约两万年前——其时,冰原在最近一次的冰河作用中发展到了极致。劳伦太德冰原深入到今天的美国东北部和中西部。海平面十分低,西伯利亚和阿拉斯加之间由一个将近一千英里宽的大陆桥相连接。而在上一次冰期最盛期,全球的平均温度只比现在低 10 度。值得注意的是,据估算,终结那次冰期的全部营力仅仅是 $6.5 \ w/m^2$。

大卫·林德(David Rind)是戈达德空间科学研究所的一位气候学家,自 1978 年开始在此工作至今。林德是研究所气候模型的疑难问题排解专家,他的工作内容是浏览大量的数据(称为诊断数据)以找出存在的问题。他同时也是该研究所气候影响小组的成员。(他的办公室也和汉森的一样,堆满了布满灰尘的打印纸。)虽 109 然温度升高是二氧化碳增多后最可预见的结果,但其他次一级的后果,比如海平面升高、植被变化和积雪消融,也很可能是同样重要的。林德对二氧化碳水平是如何影响水源的问题特别感兴趣。他这样对我说:"我们总不能喝塑料质地的水吧。"

一天下午,我在林德的办公室里和他聊天。林德提起,布什总统的科学顾问约翰·马伯格(John Marburger III)几年前曾到戈达德空间科学研究所来参观访问。"他说:'我们对适应气候变迁很有兴趣。'"林德回忆道,"那么,'适应'又是什么意思呢?"他在一个文件柜里翻找了许久,最后拿出了他在《地球物理研究杂志》上发表的一篇题为"潜在蒸散作用和未来干旱的可能性"的文章。和利用蒲福风级来测量风速相似,可利用的水资源可以用帕尔默干旱指数来表示。不同的气候模型为人们提供了有关可利用水的不同预报。在文章中,林德将帕尔默指数的标准运用到了 GISS 的模型和美国海洋与大气局下属之地球物理流体动力学实验室(GFDL)的模型中。他发现,当二氧化碳水平增高时,世界就会经历越来越严重的水源短缺,先是从赤道地区开始,逐步向两极扩展。当他将帕尔默指数运用到 GISS 的模型里,并将二氧化碳翻倍时,结果表明美国大陆将会遭受严重的干旱。当他将该指数运用到 GFDL 的模型中时,干旱的情况则更糟。林德画了两张图来说明上述发现。黄色代表了夏季干旱的可能性为 40% 到 60%,赭色代表可能性为 60% 到 80%,而棕色则代表可能性为 80% 到 100%。在第一张演示 GISS 模型的图中,美国东北部是黄色的,中西部是赭色的,落基山脉诸州和加利福尼亚都是棕色的。而在演示 GFDL 模型的第二张图中,棕色却几乎覆盖了整个国家。

"我曾在加州向水资源管理者做过一个基于上述干旱指数的发言,"林德告诉我,"他们说:'如果这一情况发生,请忘掉它。'他们没有办法对付它。"

他继续说道,"很显然,如果是这样一个干旱指数,几乎没有任何适应的可能。但让我们假设还没有如此严重。我们所说的适应是什么? 是 2020 年的适应? 2040 年的,还是 2060 年? 根据气候模型模拟的运行方式,当全球变暖发生后,一旦你好不容易适应了这一十年的气候,你就必须准备再改变一切以应付下一个十年的变化。

"可以说,人类社会的技术比以前要发达许多。但气候变化的另一个特点即是在地缘政治学意义上存在着潜在的破坏力量。我们不仅是提高了技术能力,而且也提高了技术破坏能力。我认为预

测未来是不可能的事情。虽然我不大可能亲眼见到，但是我猜想， 111
即便 2100 年前大部分事物都被毁灭，我也不会感到震惊。"他停顿
了一下接着说，"当然这是一种极端的看法。"

在哈得逊河的对岸，戈达德空间科学研究所稍稍往北，纽约州
的帕利塞兹镇上，坐落着拉蒙特—多尔蒂地球观测站。这里曾经是
一座周末庄园。这个观测站是哥伦比亚大学的研究基地。在它丰富
的天然工艺品收藏中，包括了世界上最大规模的海洋沉积物岩芯
的收藏，岩芯的总数量有一万三千件之多。这些岩芯被放置在类似
于文件柜抽屉但更加瘦长的钢制区隔中。一些岩芯是白垩的，一些
是黏土的，另一些则几乎全是由沙砾构成的。只要以合适的方式耐
心处理，这些岩芯会向人们透露一些有关过去气候的信息。

彼得·德曼诺克(Peter deMenocal)是一位古气候学家，已经在
拉蒙特—多尔蒂地球观测站工作了十五年。德曼诺克是洋核方面
的专家，也是上新世(大约五百万年前到两百万年前)气候方面的
专家。大约两百五十万年前，其时温暖而基本不结冰的地球开始降
温，进入了冰川重现的更新世时代。德曼诺克认为这一变迁是人类
进化过程中的关键事件：此时，至少两种原人从一个世系上分流出
来，其中的一支最终变成了现代人类。直到最近，像德曼诺克这样 112
的古气候学家还很少操心离当今比较近的事情。科学家们认为，最
近的间冰期——全新世——太过稳定以至于没有多少研究的必
要。当然，1990 年代中期，由于人们对全球变暖越来越关注，也由
于政府研究经费的转移，德曼诺克决定开始仔细地观察研究一些
全新世的岩芯。在我去拉蒙特—多尔蒂地球天文台访问他时，德曼
诺克告诉我，他对全新世岩芯研究后发现，这个时代"没有我们原
先想象的那样无趣"。

从海洋沉积物中获取气候数据的方法之一便是仔细研究生命

的遗存,或者更恰当地说,研究死亡并埋葬在那里的东西。海洋里充斥着一种只有在显微镜下才能看见的生物——有孔虫,这是一种微小的单细胞生物体,它的外壳是方解石,呈现为各种形状。从显微镜下看,有的像小海胆,有的像海螺壳,还有的像面团。在接近海面的地方,大约有三十种浮游的有孔虫类,每一种都生长在不同的水温之中。由此,通过计算一个物种在一份特定样品中的存在率,就可以估计出沉积物形成时海水的温度有多高(或者有多低)。当德曼诺克使用这一技巧来分析从毛里塔尼亚海岸采集来的洋核时,他发现其中包含了寒冷期反复出现的例证。每过一千五百年左右,水温就会下降几个世纪,然后又再次回升。(最近的一个寒冷期是小冰期,大约结束于一个半世纪前。)洋核也显示了降雨方面的戏剧性变化。直到大约六千年前,北非还是比较湿润的,到处布满了小型湖泊。它是后来才变得像今天一样干旱的。德曼诺克把这一变化归结为地球轨道周期性变化的结果。一般说来,这也是引发了冰期的外力作用。当然,轨道变化是在几千年时间中逐步发生的,而北非从湿润变为干旱却是一种突转。虽然没有人确切地知道这一切是如何发生的,但看起来它似乎与其他许多气候事件十分相似,是反馈作用的产物:大陆获得的降雨越少,能保持水分的植被也就越少,最终这一系统就可能被推翻。这一过程向我们提供了又一证据,说明一个微小的营力如何在持续很长时间之后最终导致了戏剧性结局。

"我们为自己的发现而感到惊讶,"德曼诺克谈起他对原先被认为相对稳定的全新世的研究时说,"事实上,比惊讶更甚。就像生活中你想当然的许多事情一样,比如你认为你的邻居不会是拿斧子砍人的凶手,但你后来发现他就是凶手。"

就在德曼诺克开始研究全新世后不久,有关他非洲气候研究

的简要描述出现在了《国家地理》出版的书上。在对页上,有一篇关 114
于哈维·魏斯及其在莱兰丘研究工作的报道。德曼诺克生动地回忆
起他当时的反应。"我想,我的天,这真是令人惊异!"他告诉我,
"这是导致我当晚失眠的事情之一,我想这真是一个很酷的主意。"

德曼诺克也回忆了当他更详细地了解这一研究后所感到的失
望。他说:"他们对气候变化问题的关心让我印象深刻,我想知道为
什么我对此研究一无所知。"他阅读了魏斯最初在《科学》杂志上发
表的理论。"首先,我仔细看了作者名单,其中没有古气候学家,"德
曼诺克说道,"随后我通读了全文,但基本上没有读到古气候学的
内容。"(魏斯用来证明干旱的主要证据是莱兰丘到处都是尘土。)
德曼诺克越琢磨越觉得这些资料不足信,而基本观点则颇为不可
抗拒。"我不能再袖手旁观了。"他告诉我。1995年夏天,他和魏斯
一起去叙利亚访问了莱兰丘。随后,他决定开始自己的研究以证实
或者证伪魏斯的推理。

德曼诺克没有去考察城市的废墟,而是去了下风方向一千英
里处的阿曼湾。从莱兰丘北边的美索不达米亚漫滩吹来的尘土,包
含了大比重的矿物白云石。由于干旱地区的土壤会产生更多的扬
尘,因此德曼诺克推断,无论发生什么程度的干旱,都会体现在海 115
湾的沉积物上。"在湿润的时期,你不会看到或者只会看到少量的
白云石,而在干旱时期,你则会发现许多。"他解释道。他和研究生
海蒂·卡伦(Heidi Cullen)研发了一套高度灵敏的实验以检测白云
石。卡伦一厘米一厘米地化验了从阿曼湾与阿拉伯海交界处提取
出来的岩芯。

"她开始钻研岩芯,"德曼诺克告诉我,"一开始没有什么发现,
没有,没有,没有。而后突然有一天,我记得是个周五下午,她说
'啊!我的上帝!'这真是太典型啦。"德曼诺克原本推测白云石含
量即便增高,也仅仅是小幅上扬;然而,实际含量是增加了百分之

四百。但他还是不满意。他决定用另一种不同的标示物来重新分析这一岩芯：同位素锶 86 和锶 87 的比率。相似的急速大幅上扬再一次出现。当德曼诺克以碳 14 测定岩芯的年代时，结果也表明，这一急速上扬的时期正是莱兰丘被废弃的时代。

　　莱兰丘从来都不是生活安逸之地。十分类似于今天的西堪萨斯州，哈布尔平原拥有的年降水量（约七十英寸）够保证谷类作物的生长，但对于其他很多作物来说，这样的降水量却显然不够。"年复一年降水量的变化是一个真正的威胁，因此，他们显然需要进行谷物贮存和设法缓解自己的不时之需。"德曼诺克评说道，"人们会告诉下一代：'看看，发生过这些事，你们必须早做准备。'他们很擅长做这种准备。他们可以应付这些。毕竟他们已经在那里生活了数百年。"

　　他继续说道："他们无法做准备的事也正是我们今天没有做好准备的事。这些事情对于他们来说是因为没有认识到，而对于我们来说则是因为政治体系不愿遵从。气候系统将要发生的事比我们今日想象的要重大许多。"

　　2004 年圣诞节前，魏斯在耶鲁大学生物圈研究所做了一次午餐讲演。讲演的题目是"全新世发生了什么"。魏斯解释道，这是对戈登·柴尔德（V. Gordon Childe）著名的考古文本《历史上发生了什么》的模仿。这一讲演将采自近东的近一万年的考古学和古气候学记录结合到了一起。

　　六十岁的魏斯长着稀疏的灰白头发，戴着金丝边眼镜，极易兴奋。他为自己的听众（大部分是耶鲁的教授和研究生）分发了材料，上面写着美索不达米亚历史的时间表。关键的文化事件是用黑色墨水写的，而重要的气候事件则是用红墨水写的。这两条线索以一种有节奏的韵律在灾难和革新二者间不断交替。大约公元前 6200

年,一次严重的全球性寒潮(用红色墨水标出)为近东带来了干旱。(这次寒潮的原因据说是因为一次灾难性的洪水,其时巨大的冰川湖阿加西湖都流入了北大西洋。)几乎同时,美索不达米亚北部的农业村庄被废弃(黑墨水记录),而在美索不达米亚的中部和南部,人们发明了灌溉技术。三千年后,来了另一次寒潮,此后美索不达米亚北部的居民点又一次被废弃了。公元前 2200 年,最近一次用红墨水书写的事件之后,是古埃及王国的瓦解、古巴勒斯坦村庄的废弃和阿卡德的衰亡。讲演快结束的时候,魏斯用 PPT 来演示在莱兰丘挖掘现场照的照片。一张照片拍的是一座建筑(可能是行政机构)的墙体,当下雨停止时,这面墙还在修建之中。这座墙主要是由玄武岩构成,顶上盖着一排排的土砖。这些砖块一下中断,就好像修建工程是在某天突然停止的。

我们大多数人生长其中的单色的历史中,从来没有过与摧毁莱兰丘相似的干旱事件。我们被告知,文明的衰落或是因为战争,或是因为蛮族入侵,抑或是因为政治动荡。(柴尔德另一个著名文本屡被效仿的标题是《人类创造了自身》。)时间线索中添加的红色突出了历史的偶然性。人类文明至多可以追溯到一万年前,而现在人类如果从进化意义上来说都已经存在了十万年左右。全新世的气候并不无趣,但它却单调到使得人类一直停滞不前。只有在冰河时代气候剧烈的变迁结束之后,才开始了文明的进程,最终出现了农业和书写。

就考古记录追溯年代之久远和细节之详细来说,没有什么地方能比得上近东地区了。当然,针对世界上其他很多地区,我们也同样能绘制出类似的红黑相间的年表:比如大约四千年前,印度河谷的哈拉帕文明因为季风模式的一次转变而衰落;大约一万四千年前,安第斯山脉的莫切人(Moche)在一段雨量减少的时期后放弃他们的城市;在 1587 年的美国,英国殖民者到达洛亚诺克岛时也正逢一次严重的地区性干旱。(等到英国船队三年后返回此地带来补给时,那里已经空无一人。)在玛雅文明的顶峰时期,人口密度达到了每平方公里五百人,比当今美国大部分地区的人口数量还多。然而两百年后,玛雅地区大部的人口却完全灭绝了。你可以说人通过文化创造了稳定性,或者你也可以同样有理地争辩道,对于文化来说,稳定性是基本的前提条件。

讲演结束后,我和魏斯一起走回了他位于耶鲁校园中心研究生院的办公室。2004 年,魏斯决定暂停在莱兰丘的挖掘工作。挖掘地点距离伊拉克边境只有五英里,由于战争的无常,将研究生们带到那里去似显不妥。当我拜访时,魏斯刚从大马士革回来,他到那里去给那些当他不在时帮忙守护挖掘现场的看守们发酬劳。在他离开办公室期间,办公室里的东西被来修理管道的工人们堆在了一个角落里。魏斯忧郁地看了看堆在一起的东西,然后打开了屋子后面的门。

这扇门通向一个面积更大的房间,它布置得像一座图书馆,然而却没有书,架子上码放的是数百个纸板箱。每个箱子里都装着从莱兰丘带回的残破陶瓷的碎片。其中的一些上了漆,另一些则雕刻着复杂的图样,也有一些几乎与鹅卵石没有区别。每一个碎片上都标上了表明其来源的数字。

我问魏斯他如何想象莱兰丘的生活。他说这是一个"老套的问题"。于是,我转而问起了这个城市的废弃情况。"没有什么能够帮助你对抗三四年以上的干旱,到了第五、第六年,也许你就离开了。"他说,"正如'阿卡德诅咒'中所书的那样,人们放弃了下雨的希望。"我说希望看到一些人们在莱兰丘最后的日子里曾经使用过的东西。魏斯轻声诅咒着,在一排排箱子中搜寻,最终找到了一个特殊的箱子。箱子中的碎片好像都出自相同规格的碗。它们都是把绿色的土放在制陶轮盘上做成的,上面没有任何装饰。如果完好无

119

缺的话,这些碗大约能装一升的东西。魏斯解释道,这些碗是用来给莱兰丘的劳动者分配口粮(小麦或大麦)的。他递给我一块碎片。我把它攥在手中许久,努力想象着曾经触摸过它的最后一个阿卡德人。随后,我又把碎片还给了魏斯。

120

121

第六章

漂浮的房子

2003 年 2 月,荷兰的电视上出现了一些有关洪水泛滥的广告。这些广告是由荷兰交通运输、公共工程和水利部赞助的。著名的天气预报员彼德·季莫费耶夫(Peter Timofeeff)担纲主演。在其中的一个广告里,季莫费耶夫看起来有些像演员阿尔伯特·布鲁克斯,也有些像影评人吉恩·沙利特,正悠闲地坐在岸边的折叠椅上。"海平面正在上升,"他说道。其时,波浪开始漫上海滩。他继续坐着说话,此时旁边一个正在盖沙堡的男孩在惊慌中放弃了他的作品。在广告的末尾,季莫费耶夫仍然坐着,而此时的水已经漫到了腰部。在另一个广告中,季莫费耶夫穿着西装站在浴缸旁边。"这些是我们的河流,"他一边解释,一边爬进了浴缸,并将淋浴开到最大。"气候正在发生改变,雨会下得更频繁更大。"水注满了浴缸,并从边上溢了出来。水透过地板缝滴到了他妻子的头上,惹得她尖叫起来。"我们需要把更大的空间让给水,进一步拓宽河流。"他一边镇定地伸手去拿毛巾,一边建议道。

沙滩椅和淋浴的广告都是一项公益活动的组成部分。这一活动有一个颇为含糊其辞的冠名——"荷兰与水相伴"(*Nederland Leeft Met Water*),除了电视广告,还包括了电台广告、免费手提袋

122

和卡通形式的报纸广告。广告的风格是一如既往地轻松愉快，比如季莫费耶夫试图在放牧场上开汽艇，或是在自家的后院里挖掘养鸭子的池塘——即便事实上（或许也正因为）这些广告给荷兰人传递的信息是极具毁灭性的。

荷兰有至少四分之一的国土都在海平面以下，建筑在从北海、莱茵河、默兹河和曾经点缀在乡间的几百个自然湖泊之上。荷兰另四分之一的国土海拔稍高，但仍然相当低，以至于按照自然规律，这些国土都会定期泛滥。人类能在这里定居，全是仰仗了荷兰拥有世界上最为精良的水利设施系统。根据官方数据，荷兰的水利系统包括了 150 英里沙丘、260 英里海堤、850 英里河堤、610 英里湖堤和 8000 英里运河堤，这还没有算上不计其数的抽水机、蓄水池和风车。

历史上，洪水一旦发生，荷兰人的反应不是加强堤岸就是新建堤岸。例如，1916 年，北海入口须德海的水坝崩溃之后，荷兰人拦海筑坝，挡住须德海，建起了一个和洛杉矶一样大的人工湖。1953 年，暴风雨冲垮了泽兰省的堤坝，1835 人丧生。其后不久，政府即着手展开了一个花费 55 亿美元的宏伟建设项目——三角洲工程。（这一项目的最后阶段是马斯兰特阻潮闸，这个闸竣工于 1997 年，被用来保护鹿特丹不受风暴潮的侵害。它由两个活动的手臂状闸门组成，而每一条"手臂"都有一座摩天大楼那么大。）荷兰人喜欢如此开玩笑，尽管这实际也并非玩笑："上帝创造了世界，但荷兰人创造了荷兰。"

"荷兰与水相伴"标志着这一五百年项目的结束。展望未来，曾经修建了马斯兰特阻潮闸的工程师认定，即便伟大如此的工程也不再能够满足防潮的需要。他们认为，从今往后，荷兰人的任务不再是拦海造地，而是不得不开始考虑撤退。

123

新梅尔韦德河看起来像条天然河,但实际上却是条运河。它是1870年代在莱茵河和默兹河的三角洲上挖掘的。它从韦尔肯丹市蜿蜒西去,与另一条人工河交汇,最终形成了荷兰水道(Hollandsch Diep)。它流经三角洲时又分流,最终流入北海。

在运河的北端,一个名为比斯博施(Biesbosch)的袖珍国家公园内,坐落着一座自然中心。我到达时,这里正在举办有关气候变化的展览。作为装饰,天花板上悬垂着一把把大黑伞。背景中,传统上作为荷兰洪水警报的教堂钟声正在有规律地鸣响。一个儿童喜欢的展品允许参观者转动曲柄,而后整个村庄被淹没。这一展品展示了到2100年,新梅尔韦德河在顶峰流量时,水位将比当地堤坝高出数英尺。

关于全球变暖为何会引发洪水,有以下几种解释。首先,这自然是和液体的物理属性相关。水变暖就会膨胀。水量较小时,影响尚不明显;但在水量巨大时,影响也会相应变大。人们预计下一个百年地球海平面上涨总计将达3英尺,大部分是源于单纯的热膨胀作用。(由于海洋的热惯性,即便温室气体水平最终得到了平抑,海平面仍将继续上升好几个世纪。)

同时,正在变暖的地球也意味着降水模式的改变。根据预测,一些地区,比如美国中西部将遭遇干旱,而另一些地区则将经历更多(至少更强的)的降雨。这一影响可能在人口密集的地区表现得尤为严重,比如密西西比三角洲、恒河三角洲以及泰晤士河流域。一项几年前由英国政府委托的研究项目得出结论,在一定环境条件下,2080年的英格兰,现在被认为是百年一遇的洪水将每三年就出现一次。(就是我待在荷兰的那一周,英国和斯堪的纳维亚半岛有十三个人在异常罕见的冬季暴风雨中丧生。)

在比斯博施自然中心,我遇见了水利部官员艾尔克·特克斯特拉(Eelke Turkstra)。他操持着一个名叫河流空间(*Ruimte voor de*

124

125

Rivier）的项目。目前，他的工作不再是建筑堤坝，而是拆除堤坝。他解释道，荷兰人发现雨水比过去增多了。据水利部估计，莱茵河上过去洪峰流量为 15000 立方米每秒的区域，如今已上升为 16000 立方米每秒，将来可能还需要对付 18000 立方米每秒的流量。与此同时，海平面的上升可能会阻挡河流入海，导致问题更加严重。

"我们认为，在本世纪中，海平面大概会上升 60 厘米。"特克斯特拉告诉我，也就是将近两英尺。"当上述情况发生时（我们确信会发生），会将事情弄得更复杂。"

我们搭乘汽车轮渡从自然中心出发横渡了新梅尔韦德河。我们车开过的地方都是开拓地——人们辛辛苦苦用坝围海后新开辟出来的低地。这些低地状似冰盘，两侧是斜坡，底部则异常平坦，偶尔还可以看见一间结实的农舍。平坦的土地、茅草屋顶的牛棚、地平线上的乌云，这所有的场景看起来就像是霍贝玛（Hobbema）绘画的翻版。特克斯特拉说，这些地区都是注定要被淹没的。河流空间计划即是用钱补偿住在低地的农民让他们搬迁出去，然后拆除周围的堤坝。通过有选择地废弃这样的郊区，水利部希望以此来保护诸如霍恩根市（Gorinchem）这样的人口聚集地。我们正在考察的这一项目预计需要花费 3.9 亿美元。荷兰的其他地区也正在展开类似的项目，同时，尚有一些类似的计划正在设想中。其中的一些计划已经引发了人们持续而愤怒的抗议。特克斯特拉承认，让人们放弃居住了几十年甚至上百年的土地，必然会引发政治问题，但也正因为此，立即开始搬迁才显得更为重要。

"一些人还不能理解，"我们一边行驶他一边说，"他们认为开展这个项目是个愚蠢的想法。但我认为，沿袭旧习才是愚蠢的。"

当气候学家讨论温室气体水平升高的时候，他们使用的短语是"危险的人为干扰"，简称 DAI。这个术语并不特指任何灾难，虽

126

然人们普遍同意许多情况下这都是指的灾难——比如，戏剧性的气候变化将足以打破整个的生态系统，导致物种大灭绝或破坏世界的食品供应。地球上任何一块现存冰原的瓦解通常都被看成是具有警世性的大灾难。现在，西南极洲冰原是世界上唯一的海上冰原，这就意味着它坐落于其上的土地在海平面以下。因此，这个冰原相当脆弱，极易崩塌。一旦西南极洲冰原或者格陵兰冰原崩塌，全世界的海平面将上升至少 15 英尺。而如果两个冰原都解体了，全球的海平面就将上升 35 英尺。当然，上述冰原中的任何一个要想彻底消失，都需要几个世纪的时间，然而一旦解体过程开始，冰原就会自我蚕食，到那时候，很可能就无法逆转了。由于气候系统的巨大惯性，其他灾难也具备着相似的固有的延迟性。因此，"危险的人为干扰"不仅指过程的终结，即灾难真实到来的那一刻；更指其开始，即灾难到来变得不可避免的那一刻。

到底什么样的营力、温度和二氧化碳水平才称得上是"危险的人为干扰"？这是一个极为重要的问题，但也是一个迄今仍无法给出答案的问题。政策研究通常订立的标准是 500ppm 的二氧化碳水平（差不多是前工业化时代的两倍）。但是这个数字中对于社会可行性目标的考虑，至少与科学证明的成分一样多。

过去十年中，人们已经通过实时测量或对古气候记录的复原，发现了气候的众多运行机制。从观测到的加速融化的冰原到推断出的热盐环流的历史，我们所发现的一切情况都将 DAI 的标准降低了。如今，许多气候学家认为，450ppm 的二氧化碳水平就已经代表了对危险更为客观的估计；当然，也有科学家认为，最低限在400ppm，甚至更低。

也许迄今为止最为重大的发现就是在南极东方站研究基地做出的。1990 年到 1998 年间，那里钻出了一个深达 11775 英尺的冰芯。由于南极的降雪相较格陵兰要少，因此，南极冰芯的分层较薄，

含有气候信息的细节也相对不那么明确。然而,它们能回溯的历史
年代却更为久远。如今分散保存在丹佛、格勒诺布尔和南极洲的东
方站冰芯,包含了之前整整四个冰川周期的连续气候记录。(和格
陵兰冰芯的案例一样,通过南极冰芯也可以估计古时的气候。当时
的温度可以通过测量冰的同位素组成来确定,而通过分析被封存
气体的微小气泡,我们则可以确定当时大气的构成。)

　　东方站的记录表明,地球几乎已经到达了过去42万年来的最
热点。根据最保守的估计,到本世纪末,温度可能上升4到5度,这
个世界将由此进入一个现代人类从前未曾经历过的全新的气候体

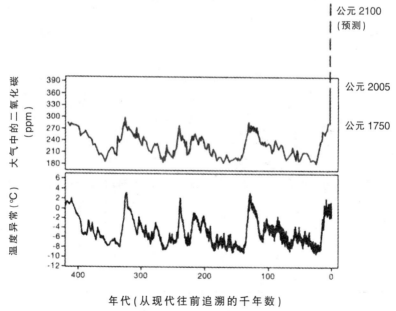

东方站冰芯的记录显示,二氧化碳水平和温度变化相对应。

在过去的四十二万年中,现在的二氧化碳水平是空前的。

引自 J.R.Petit 等在《自然》杂志的文章,vol.399(1999)

制。同时，如果我们转而考察二氧化碳，证据将更为明显。东方站的记录表明，现时 378ppm 的二氧化碳水平在晚近地质学史上是空前的纪录。（此前的高纪录——299ppm 发生在 32.5 万年前。）上一次可与今日二氧化碳水平相提并论的纪录还是在 350 万年前，其时正是上新世中期的暖期。很可能自 5000 万年前的始新世以来，还不曾有过更高多少的记录。始新世中，鳄鱼可以漫步在科罗拉多，而海平面则要比今天高 300 英尺。一位美国海洋与大气局的科学家半开玩笑地对我说："确实，过去我们也曾经历过更高的二氧化碳水平。但是，我们也曾拥有过恐龙。"

马斯博默尔镇位于比斯博施以东五十英里。这座城镇坐落于默兹河岸边，是个颇受欢迎的度假胜地。每年夏天，这里都挤满了前来划船或野营的旅游者。由于洪水的威胁，沿河的建筑都受到了限制，但在几年前，荷兰最大的建筑公司之一杜拉维米尔（Dura Vermeer），却被批准将默兹河上的前房车营地改建成"水陆两栖之家"的新区域。

第一批"水陆两栖之家"于 2004 年秋季完工。数月之后的一个沉闷的冬日，我去参观了这些房子。路上，我在杜拉维米尔公司总部停下来，会见了公司的环境主管克里斯·泽文伯根（Chris Zevenbergen）。在他的办公室里，泽文伯根为我放映了有关荷兰未来的动画。这个动画演示了大片国土逐渐被水吞没的过程。到了午饭时间，他的秘书拿来了一盘子三明治和一大罐牛奶。泽文伯根解释道，杜拉维米尔公司正在忙着修建漂浮的马路和暖房。虽然每一个项目体现了颇为不同的工程挑战，但它们都有一个共同的目标，那就是让人们可以继续居住在这片将被淹没（至少是周期性地被淹没）的区域里。泽文伯根告诉我："这里将会出现一个洪水带来的市场。"

从公司总部驱车去马斯博默尔镇，大约有一小时车程。我到那儿时，太阳已逐渐西沉，夕阳下的默兹河泛着银光。

水陆两栖之家的房子看起来都很相似。这些房子又高又窄，有着平坦的四壁和弯曲的金属屋顶，以至于它们一座接一座地排在一起看起来就像是一排烤面包机一样。每一所房子都系泊在一根金属杆上，基座是一组空心的混凝土浮舟。按照设计，如果默兹河发洪水，这些房子就会浮起来，而水退却后，它们又将被轻轻地放回到陆地上。我在这里参观时，六七个家庭正住在他们水陆两栖的屋子里。身为四个孩子母亲的护士安娜·范德莫伦带我参观了她的家。她对水上生活充满了热情。"没有一天是完全相同的。"她告诉我。她说，她希望将来世界上所有的人都能住上漂浮的房子，因为"水正在上涨，我们不得不和它相伴，而不是与它作斗争——那几乎是不可能的"。

132

第七章

一切如常

在气候科学的圈子里，现有排放量不受任何约束地持续下去的未来，即被称作是"一切如常"（business as usual，简称 BAU）。大约五年前，普林斯顿大学的工程学教授罗伯特·索科洛（Robert Socolow）开始思考 BAU 问题及其对人类的命运意味着什么。此时，他刚刚成为英国石油公司和福特汽车资助的"碳减排倡议"的负责人，但他仍将自己视作气候科学领域的门外汉。与圈内人交谈的时候，他常常被他们的警觉程度打动。从荷兰回来后不久，我就去索科洛的办公室拜访了他。"我曾卷入到业余观点和科学观点并存的一系列领域，"他告诉我，"在大多数领域中，都是业余团体更为紧张、更为焦虑。举个极端的例子，拿核能来说，大部分的核科学工作者对于少量的核辐射相对都并不太在意。但在气候学领域中，却是那些每日研究气候模型和冰芯的专家们，对气候问题更为关切。他们总是竭力急呼：'快醒醒吧！这不是什么好事！'"

六十七岁的索科洛仪表整洁，戴着金边眼镜，灰白色的头发，发型有点像爱因斯坦。虽然他早年接受的是理论物理学家的教育，博士论文研究的是夸克粒子，但在大部分职业生涯中，他都在关注更为人性化的问题，诸如如何防止核扩散，如何建造不漏热的房屋。1970 年代，索科洛参与设计了新泽西双子河（Twin Rivers）畔的能源节约型住宅。他还曾发明过一套可以利用冬天的冰雪在夏天起到空调作用的装置（虽然这套装置在商业上尚无可行性）。索科洛成为碳减排计划的负责人后，他决定自己首先要做的是了解和掌握碳排放量问题的规模。他在现存文献中发现了大量的相关信息。除了 BAU，人们还提出了像 AI 和 BI 这样的诸多代号所代表的几十种情况，这些方案如同填字游戏格一样搅和在一起。他回忆道："我还是很擅于定量分析的，但是我无法记住这些每天变化的图表。"他决定对这一问题进行合理化精简处理，好使自己更容易理解它。

在美国，大多数人只要一起床就开始生产二氧化碳了。我们使用的电 70% 是靠燃烧矿物燃料得到的——50% 以上来源于烧煤，134 17% 来源于燃烧天然气。在这个意义上，开灯即意味着（至少是间接地）向大气排出了二氧化碳。煮一壶咖啡，无论是用电炉还是煤气炉，都意味着更多的排放量。同样地，洗个热水澡、收看电视早新闻和开车去上班也都是如此。一个特定的行为到底会生产多少二氧化碳，这取决于诸多因素。虽然所有的矿物燃料燃烧都会不可避免地产生二氧化碳，但在产生相同单位的电能时，某些燃料（比如最为突出的煤）却会比别的燃料产生更多的二氧化碳。一个燃煤的火力发电厂每发送一千瓦时的电，就会产生半磅多的碳；但如果发电的是天然气发电厂，碳排放量就只有大约一半。（在测量二氧化碳时，通常测量的不是气体的总重量，而只是碳的重量。所以如果要换算回去的话，就必须乘以 3.7。）每消费一加仑汽油就会产生五磅碳，这意味着，一辆福特探险者（Explorer）或者一辆通用育空（Yukon）在四十英里的通勤途中，将会向大气排放十几磅碳。平均算来，一个美国人每年生产一万二千磅碳。（如果你想计算出自己每年对于温室效应所起到的促进作用，你只要登陆美国环境保护署的网站，将你日常生活方式的种种事实——包括你开的什么型号的车，你回收利用多少废物等等，输入网站上的"个人碳排放量计算器"就可以算出。)美国碳排放量最大的源头就是电力生产，大约占到碳排放总量的 39%，其次是运输业，占 32%。而在像法国这样一个四分之三能源皆靠核电厂来供应的国家里，上述比率就会与美国的大相径庭。至于像不丹这样大部分人用不上电，靠燃烧木材和动物粪便来煮熟食物和维持家庭取暖的国家，这一比率则又会不同。

未来的碳排放量很可能取决于多种外力。其一是人口增长率。据估计，到 2050 年，生活在地球上的人口至少有 74 亿，最多可达 106 亿。另一个力量是经济增长。第三大要素是新技术被采用的速度。尤其是在发展中国家，它们对电力的需求正在飞速增长。拿中国来说，2025 年，其电力消费预计就将翻倍。如果发展中国家采用更高效的最新技术来满足电力需求的话，碳排放量的增长将会达到一定的速度。（这种可能性有时被称为"跨越式的"，因为它要求发展中国家"跳跃"到发达国家的前面去。）而如果他们用低效但却便宜的技术来满足电力需求的话，碳排放量则将以更快的速度增长。

"一切如常"代表了一系列的预测，这些预测最为根本的前提即是碳排放量会持续增长而不管气候是怎样的。2005 年，全球的碳排放量已经达到了大约 70 亿公吨。按照"一切如常"预测的中等水平来估计，到 2029 年，将会增长到每年 105 亿公吨，到 2054 年，则将增长到每年 140 亿公吨。根据相同的预测，到本世纪中叶，大气中的二氧化碳水平将到达 500ppm；如果事态继续如是发展，到 2100 年，二氧化碳水平将达到 750ppm，大约相当于前工业化时代的三倍。

看到这些数字,索科洛立刻就想到了一组推论。其一,为了避免二氧化碳的浓度超过 500ppm,人们必须立即采取必要的行动。第二,为了达到上述目标,排放量的增长必须基本控制为零。稳定二氧化碳排放量是一项巨大的工程,因此,索科洛将问题分解为更具操作可行性的一个个小问题,他称之为"稳定楔"。简单说来,他将稳定楔定义为任何到 2054 年可以每年减少 10 亿公吨碳排放量的步骤。现在的二氧化碳年排放量已经达到了 70 亿公吨,预计未来五十年内这一数字将达到 140 亿公吨,因此,要想稳定在今天的排放水平上,就必须用到 7 个楔形。在自己普林斯顿的同事巴卡拉(Stephen Pacala)的帮助之下,索科洛最终想出了 15 个不同的楔形——至少理论上比必需的还多 8 个。2004 年 8 月,索科洛和巴卡拉在 137 《科学》杂志上发表了他们的发现,论文获得了广泛的关注。论文乐观地宣称:"人类已经获得了解决未来半个世纪碳排放量和气候问题的基本的科学、技术和工业知识。"当然,他们同时也十分清醒。"没有容易的楔形。"索科洛对我如是说。

让我们先来看一下楔形 11。这是光电池(或者说太阳能)的楔形。至少从理论上看,这也许是所有备选楔形中最具吸引力的一个了。已经存在了五十多年的光电池,常常被用在各种小型仪器和连接电网费用过高的一些大型装置上。光电池技术的排放量几乎为零,不生产任何废物和水。为了方便预测,索科洛和巴卡拉假定一座一千兆瓦的燃煤火力发电厂一年大约排放 150 万吨的碳。(如今的燃煤发电厂每年实际排放 200 万吨的碳,但未来的发电厂可能会变得相对高效。)为达到碳排放量每年减少 10 亿公吨的目的,必须安装足够多的太阳能电池,以提供相当于将近 700 个一千兆瓦燃煤火力发电厂的发电量。由于日照并不是连续的,会因为夜晚和云层而中断照射,因此电池能量需达到两百万兆瓦。这样一来,所 138

需的光电池组将会覆盖五百万英亩的地面，这差不多相当于康涅狄格州的总面积。

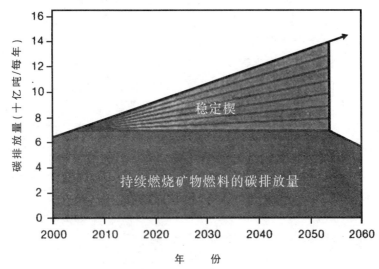

到 2054 年，每一个"楔形"将使每年的碳排放量减少十亿吨。
引自巴卡拉（S.Pacala）和索科洛（R.Socolow），
《科学》（*Science*），第 305 卷（2004）。

楔形 10 是风力发电。这一技术的优点也是安全，并且是零排放量。一个大型的涡轮机可以产生两兆瓦电力，但由于风和阳光一样是间歇性的，要想从风能中获得一个楔形，至少需要一百万个两兆瓦的涡轮机。风力涡轮机通常安放在近海、山顶或是多风的平原上。陆上安装时，周围区域可以用来耕作等等，但一百万个涡轮机将实际"占用"三千万英亩土地，大致相当于一个纽约州的面积。

其他的楔形也提出了各种各样的挑战，一些是技术上的，另一些则是社会意义上的。核能不会产生二氧化碳，但它会生产放射性废料，以及随之而来的储存、销毁以及国际维和等等方面的困难。世界上第一个商业用途的核反应堆大约四十年前并网发电，但是美国一直都无法解决核废料的问题。许多电厂控告联邦政府没能建成过一个长期的废料储存场。在世界范围内，目前有441座核电厂正在运行中，假如要完成一个楔形，则需要这些电厂的发电量加倍。除了核能楔形，还有热能和光能的楔形（要将住宅和商业建筑的能量需求减少四分之一）以及两个汽车楔形。第一个汽车楔形要求世界上的每一辆小轿车每天的行驶里程减少一半，第二个楔形则要求小轿车的性能提高一倍。（1980年代晚期以来，美国载客汽车的热效率反倒降低了5%。）

另一个可能的选择是一项名为"碳捕捉与储存"（简称CCS）的技术。顾名思义，运用CCS技术，在源头处（也许是一个大的碳排放源）就将二氧化碳"捕捉"起来，然后通过高压将之注入诸如废弃的油田这样的地质结构（在如此压强下，二氧化碳变为"超临界状态"，此时它既不是液体也不是气体）索科洛计划中的楔形之一便 **140** 来自于从电厂"捕捉"二氧化碳，另一个楔形则来源于从合成燃料制造厂捕捉二氧化碳。CCS的基本技术如今已被应用来提高石油和天然气井的产量。然而，如今没有哪家合成燃料制造厂或电厂正采用这一方法。而且也没有人确切地知道注入地下的二氧化碳究竟能在那里待多久。目前世界上运行时间最长的CCS项目，即位于北海天然气田的挪威石油公司（Statoil），也才刚刚运行了十年。而一个CCS楔形至少需要运行3500个像挪威石油这样规模的项目。

当今世界，排放二氧化碳并不需要付出任何直接的成本，因此，索科洛的楔形实行起来很难。也正是在这些意义上，这些楔形才成了对"一切如常"的背离。要想改变经济与碳排放之间的关系，需要政府的介入。国家可以给二氧化碳排放量指定一个严格的控制标准,要求排放者购买和出售碳排放"积分"。(在美国,类似的基本策略已经被成功地运用于二氧化硫的排放以抑制酸雨的产生。)另一个可供考虑的办法是对碳征税。经济学家们已经对上面的两种办法进行了广泛而彻底的研究。索科洛根据他们的研究估计,排放碳的花费必须涨到一吨 100 美元左右,才能够有效地刺激人们采纳他所建议的诸多办法。假定这一花费被转移给了消费者,那么一吨 100 美元将会使一千瓦的火力发电价格上涨 2 美分,也就是说,每月平均每个美国家庭的电费将上涨大约 15 美元。

索科洛的所有计算建立在一个明显假想的基础之上,即他假设了所有稳定排放量的措施都将被立即执行,或者至少在近几年内展开。这一假设之所以关键,不仅是因为我们还在不断地朝大气中排放二氧化碳,更因为我们仍在不断建造基础设施,而后者事实上保证未来将向大气排放更多的二氧化碳。在美国,一辆新车行驶 20 英里平均需要消耗约一加仑油。如果行驶 10 万英里,车就会排放超过 11 公吨的碳。同时,现在修建的一座一千兆瓦的火力发电厂可能会运行五十年,其间将会排放数亿吨的碳。索科洛楔形向我们传达的最主要的信息是:人类越拖延,不考虑碳排放问题而修建的基础设施越多,那么,将二氧化碳水平保持在 500ppm 以下这一目标也就会变得越来越渺茫。

事实上,即便我们在接下来的半个世纪稳定住排放量,根据索科洛的图表显示,之后的半个世纪我们还需要急剧缩减排放量以避免二氧化碳的浓度超标。二氧化碳是一种持久的气体,可存在大约一百年。因此,比较迅速地提高二氧化碳的浓度虽完全可能,但反之却行不通。(这种效果可以比作驾驶一辆只装有加速器但却没有刹车的小轿车。)我随后问索科洛,他是否认为这种稳定排放量是一个具有政治可行性的目标。他皱起了眉头。

"总有人问我：'你认为这些目标的可行性如何？'"他告诉我，"我真的认为这是个错误的问题。这些事情都可以完成。"

"过去我们是否面临过类似的议题呢？"他继续说道，"我想这是那种看起来极端困难和不值得做的、但最终人们却改变了看法的议题。童工问题就是一个例子。我们决定不要使用童工，而货物将会变得更加昂贵。这是一个变化了的优先系统。奴隶制在一百五十年前也有相似的特征。一些人很早就意识到奴隶制是错误的，并且提出了自己的观点以引发争论，但他们没能获胜。后来事情发生了转机，人们突然意识到它是错误的，并且从此不再这么干了。当然，人们会为此付出一些社会成本。我猜想棉花因此变贵了。但我们会说，'这是公平交易，因为我们不再想要奴隶制了。'由此我们目前也可以说，'我们正在损害地球。'地球是一个相当不稳定的系统。以往的记录清楚地显示了，我们并不完全了解地球发生的变化。即便是到了不得不做出决定的关键时刻，我们仍将不能完全理解，而只知道它们在那里。我们也许会说，'我们只是不想对自己这么做。'面对此类问题，问其是否可行实际无助于问题的解决。这些目标是否可行主要取决于我们是否在意。"

马蒂·霍弗特（Marty Hoffert）是纽约大学的物理学教授。他块头很大，长着一张阔脸，头发是银色的。霍弗特大学本科读的是航空工程专业，1960 年代，他的第一份工作是参与研发美国的反弹道导弹系统。每星期，霍弗特大部分时间都在位于纽约的实验室里工作，但有时也会去华盛顿会见五角大楼的官员。周末，他偶尔会回华盛顿对五角大楼的政策提出异议。后来，他决定要为"更富有成效的"（用他自己的话来说）事情工作。由此，他逐渐参与到气候研究中来。他自称是一位"技术乐观主义者"，他对电力的许多看法带有一种巴克·罗杰斯式"岂不是很酷"的意味。虽然在其他问题上，霍弗特是个会让人扫兴的人。

"我们必须面对这项艰巨任务的定量性质。"一天中午在纽约大学教员俱乐部吃饭时他对我说,"现在我们几乎准备把所有的东西都燃烧掉,如果我们把大气加热到白垩纪时的温度,那么就只剩下两极有鳄鱼。然后一切都崩溃了。"

144　　　霍弗特对能产生能源的、无碳的新方法特别感兴趣。目前,他正在推动的一项新技术是太空太阳能(简称 SSP)。至少从理论上说,SSP 需要向太空发射一个装有大量光电池组的卫星。一旦卫星进入轨道,电池组便会按照计划伸展或者膨胀。SSP 与陆地上的常规太阳能相比有两个重要的优点。首先,太空中有更多的阳光,每单位区域中的阳光差不多是地球上的八倍;其次,光照是连续的,因为卫星不会受到云层或黑夜的影响。当然,同时也存在着诸多障碍。迄今尚无成功完成的大型 SSP 实验。(1970 年代,美国航空航天局考虑发射一个曼哈顿大小的光电池组进入太空,但这个计划似乎从未取得过什么进展。)而且,发射卫星的费用很高。最后,一旦电池组高悬太空,那么,把这些能量传输下来又将是困难重重。霍弗特设想通过手机信号塔那样的微波束(只是需要更为集中的聚焦)来解决上述最后一个问题。他对我说,他坚信 SSP 技术具有"长期前景"。当然,他随即也指出,自己对其他的想法也同样毫无偏见,诸如在月球上放置太阳能收集器,或使用超导电线来传送电力以确保将能量损失降到最低,抑或利用悬在高速气流中的涡轮机进行风力发电等等。他说,最重要的不是哪种新技术将会发挥作用,而是人们将会发明一些新技术:"有一种观点认为,我们的文明

145　可以在维持现有人口数量和现有高科技水平的情况下,依靠节约继续延续下去。我觉得这一观点类似于将一个人关在只有有限氧气的密闭屋子里。如果他呼吸得较慢,他也就将存活得更长。然而,他真正需要做的是冲出这间屋子,而我就想冲出这间屋子。"几年

前，霍弗特在《科学》杂志上发表了一篇有影响的文章。他认为，要想把二氧化碳水平保持在 500ppm 以下需要一种"赫拉克勒斯"式的艰巨努力，也许只有通过能量生产的"革命性"变化才能够实现。

"那种认为我们已然拥有'解决碳排放问题的科学、技术和工业知识'的想法在某种意义上来说是正确的，要知道我们在 1939 年就拥有了制造现有核武器的科技知识。"他引用索科洛的话说道，"然而，是曼哈顿计划才使之实现。"

霍弗特和索科洛的最大分歧，也是二人都费心向我指出和努力低估的，是二氧化碳排放的未来轨迹。过去的几十年里，世界的能源迅速从煤炭转向了石油、天然气和核能，单位能量排放的二氧化碳数量有所下降，这一过程被称之为"脱碳"。相比于全球经济的增长速度，碳排放量的增长已经放慢。如果没有这种脱碳，今日的二氧化碳水平就会显著提高。

146

在索科洛所使用的"一切如常"方案中，假设了脱碳将会继续。然而，做出这一假设实际上忽视了几项日益显现的趋势。未来几十年内能量消耗的绝大部分增长将会发生在像中国、印度这样的地方，而在当地煤贮藏量要远远超过石油或天然气。（中国的新增燃煤发电能力以每月一千兆瓦的速率递增，预计在 2025 年左右将会超过美国而成为世界上最大的碳排放国。）与此同时，全球的石油和天然气产量将开始减少，一些专家认为近二三十年内就会减少，另一些则认为十年内即会减少。霍弗特预言世界将会开始"再碳化"，届时，稳定二氧化碳排放量的任务也将变得更加艰巨。据其估计，再碳化意味着，哪怕只是想把二氧化碳排放水平控制在与今日上升轨迹相同的水平上，我们也至少需要完成 12 个楔形。（索科洛很快承认，事态有可能导致所需楔形数量的增加。）霍弗特告诉我，他认为联邦政府每年必须拨出一百至两百亿美元的预算来进行新能源的基础研究。为了方便比较,他指出,对于尚未提出任何可行性系统的"星球大战"导弹防御计划,政府已经投入了将近一千亿美元。

147　　人们通常听见的反对抑制全球变暖的观点认为,用来控制全球变暖的现有选项都不够好。令霍弗特沮丧的是,他经常发现人们恰是引用他的观点来证明上述看法的,而对后者,他实则根本不同意。"我想澄清的是,"他有次对我说,"我们必须立即开始实行那些已知该如何实行的措施,同时,我们必须开始实行这些更长期的计划。那都不是对立的意见。"

　　"让我直说了吧,"他在另一个场合说,"我不确信我们最终能否解决这些问题。但我希望我们能。我想我们可以试试看。我的意思是,我们有可能解决不了全球变暖的问题,地球也将面临一个生态大灾难。数亿年后,当有人再次造访时,将会发现曾经有一些智能生物在此存在过,但他们没能掌控好从采猎者到高科技的转变过程。上述猜想完全有可能变成现实。卡尔·萨根(Carl Sagan)曾经提出过一个'德雷克方程式',可以得出银河系中存在多少智能物种。他计算出,银河系里有多少恒星,围绕着这些恒星的又有多少颗行星,行星上进化出生命的概率是多少,在出现的生命中进化出智能物种的概率又是多少,还有,一旦上述情况发生,技术文明的平均寿命又是多少?而最后一个是最为敏感的数字。如果平均寿命是一百年左右,那么,在银河系四千亿颗恒星中,也许只有很少的

148　一些出现过智慧文明。如果平均寿命是数百万年,那么,银河系将充满智慧生命。这么分析挺有趣,但我们不知道,两种情况都可能

149　发生。"

第八章

京都之后

2005年2月16日,《京都议定书》生效时,世界上许多城市为之庆祝。波恩市长在市政厅主持了一个招待会;牛津大学举办了"生效"宴会;香港则举办了京都祷告会。这天也是华盛顿非常炎热的一天,我去和负责民主与全球事务的副国务卿葆拉·多布里扬斯基(Paula Dobriansky)进行了谈话。

多布里扬斯基是一位纤瘦的女子,留着齐肩的棕色头发,态度颇有几分说不清的焦虑。她的职责之一便是向其他国家解释布什政府在全球变暖问题上的立场。《京都议定书》生效之时,这一任务显得更加困难。美国是迄今为止世界上最大的温室气体排放国——世界温室气体总量的近四分之一都是由它排放的。即便按人均排放量计算,也只有卡塔尔等少数几个国家可以与之匹敌。然而,美国却是仅有的两个不接受《京都议定书》,从而也拒绝强制执行废气减排的工业化国家之一(另一个拒绝的国家是澳大利亚)。多布里扬斯基的两位助手陪同我进入了她的办公室。我们围坐成了一圈。

多布里扬斯基一上来就向我保证,不管给人印象如何,布什政府是"非常严肃地"对待气候变化这一议题的。她继续说:"让我补充一句，正由于是十分严肃地对待这一议题，而不仅仅只在口头上向你承诺，无论是双边协定（我们已经达成十四个双边协定），还是除此之外签订的一些多边协定，我们已经向很多国家努力倡议。我们的确将气候变化视为一个严肃的议题。"我问她，政府将如何向协约国说明自己在《京都议定书》问题上的立场。"我们有共同的目标，"她回答道，"我们的分歧在于到底何种方式才是最为有效的。"几个月后，她又说道，似乎是进一步补充阐述："问题的关键在于，对待这一重要的议题，我们相信我们拥有共同的目标，但我们可以采取不同的方式。"

我们简短谈话的其余部分也遵循了类似的方式。我向副国务卿提问，在什么样的情况下，政府会同意加入强制性的减排协定。"我们一贯的方针前提是：我们行动，我们学习，我们再行动。"她回答道。在回答稳定排放量的紧迫性这一问题时，她说道，"我们行动，我们学习，我们再行动。"在回答什么将构成"危险"的大气二氧化碳水平问题时，她说，"请原谅，我还要重复一遍：我们行动，我们学习，我们再行动。"多布里扬斯基两次告诉我，政府应对全球变暖的方法包括了"短期行为和长期行为"。她还三次告诉我，政府视经济增长为"解决方式，而不是问题"。采访前，我曾被事先告知，多布里扬斯基最多只能抽出 20 分钟时间来接受采访。根据我数码录音机的记载，15 分 35 秒时，她的一个助手提醒我，采访时间接近尾声了。在准备离开时，我问多布里扬斯基是否还有什么要说的。

"我想对你说，"她说，"我们将这个问题视作是一个严肃重要的议题。我们已经有力而强劲地提出了一项气候变化政策以应对这些议题，而且我们还将继续与其他国家一道应对气候变化的议题。从根本上说，我们拥有共同的目标，但我们采取了不同的方式。"

至少在书面意义上，美国和其他国家已经致力于解决全球变暖问题十五年了。1992年6月，联合国在里约热内卢召开了所谓的地球峰会（Earth Summit），当时的与会人数超过了两万人。几乎所有的国家都派来了代表与会，并最终签署了《联合国气候变化框架条约》。条约最早的签署人中就有乔治·布什总统（George H. W. Bush）。他在里约热内卢号召全球领导人将"会议上所说的话转化为实际行动来保护我们的星球"。三个月后，布什向美国参议院递交了这一框架条约，获得全票通过。

框架条约的英文版长达33页。条约一开始是对基本原则的泛泛阐述（"承认地球气候的变化及其不利影响是人类共同关心的问题……""人类活动已大幅度增加大气中温室气体的浓度……"）和一长串的定义（"'气候变化'是一种由人类活动直接或间接导致的一种气候的变化""'气候系统'是大气层、水圈、生物圈、地圈及它们的相互作用所构成的整体"），然后叙述到条约的目标，即"将大气中温室气体浓度稳定在一定水平，以防止对于气候系统造成危险的人为干扰"。

签署框架条约的每一个国家都接受同一个目标，即避免"危险的人为干扰"，但是，并非每个国家都接受相同的义务。条约区分了工业化国家（用联合国的话语说，即附件I中的国家）和其他国家。后者同意采取措施以"减缓"气候变化，而前者则答应降低温室气体排放。（用外交术语来说，这一约定遵循了"共同但有区别之责任"的原则。）框架条约第4条第2款b项详细说明了人们需要遵守的约定。它规定，附录I的国家，包括美国、加拿大、日本、欧洲国家以及以往的东方集团国家，它们的"努力目标"是恢复到1990年的排放量水平。

事实表明，向参议院提交框架条约是老布什在总统任期内最后的几项作为之一。克林顿重申了美国对条约的支持。他就职不久

152

153

后便在 1993 年的世界地球日上宣布，美国将致力于在 2000 年前将温室气体排放量降至 1990 年的水平。"除非我们现在就行动，"他说，"否则我们面临的未来将是，太阳不再温暖我们而是将我们烤焦；季节的更替将呈现为一种可怕的新含义；我们孩子的孩子将继承一个环境比我们成长的世界不适宜得多的地球。"

虽然克林顿重申了美国的承诺，但实际上，美国以及世界上其他国家的排放量却在继续攀升。1995 年，在此问题上取得了些许进展的几乎只有前苏联的那些国家，而这是因为他们的经济正处于急剧衰退中。与此同时，随着排放量的持续攀升，最初颇显保守的目标——回复到 1990 年的水平，也开始变得越来越难实现。几轮艰难的磋商随即展开，1995 年 3 月在柏林，1996 年 7 月在日内瓦，最后，1997 年 12 月在京都。

154

从技术上说，京都会议上达成的协议仅仅是框架条约的一个补遗（其全名为《联合国气候框架条约京都议定书》）。这一议定书与框架条约有着相同的目标——避免"危险的人为干扰"，同时也固守着相同的原则——"共同但有区别之责任"。但对于原先那些措辞含糊的规劝性话语，诸如"努力目标"，《京都议定书》则代之以强制性的约束。在综合考虑历史和政治因素的基础上，每个国家所受到的约束条款略有区别。例如，对于欧盟国家来说，它们必须在 2012 年《京都议定书》中止之前，将温室气体的排放量降至比 1990 年再低 8% 的水平。而美国则需达到比 1990 年低 7% 的水平，日本需要完成比 1990 年水平低 6% 的任务。除二氧化碳外，条约还涉及了五种温室气体，分别是甲烷、笑气、氟烷、全氟化碳和六氟化硫。为了计算方便，这些气体都被换算为"二氧化碳当量"。附录 I 的国家还可以部分依靠买卖排放"许可"，以及在诸如中国、印度这样的非附录 I 国家投资"清洁开发"项目，来完成自己的减排任务。

《京都议定书》尚处于协商过程中时,就已明显看出它将受到大部分曾经投票支持框架条约的参议员们的反对。1997年7月,内布拉斯加州共和党参议员查克·哈格尔(Chuck Hagel)和西弗吉尼亚州民主党参议员罗伯特·伯德(Robert Byrd)提出了一项"参议院意见"的决议,公开警告克林顿政府要提防会谈的大方向。这项所谓的伯德—哈格尔决议提出,除非发展中国家也承担同样的义务,美国必须拒绝签署减排协议。参议院以95比0的投票数通过了这一决议,这是企业和劳工都参与游说的结果。(一个由雪佛龙、克莱斯勒汽车、埃克森石油公司、福特汽车、通用汽车、美孚、壳牌、德士古石油公司等赞助的组织——"全球气候联盟",花了1300万美元来为反对《京都议定书》的活动作宣传。)

从某个特定的角度看,伯德—哈格尔决议背后的逻辑无可指摘。控制排放量需要花钱,而这些花销又必得有人承担。如果美国同意限制温室气体排放,而它经济上的竞争对手中国和印度又不这么做,那么美国的公司就将处于不利地位。"一个要求工业化国家减少温室气体排放而不要求发展中国家这么做的条约,将会给美国经济制造一个非常有害的环境,"美国劳工联合会及产业工会联合会(AFL-CIO)财务秘书理查德·特拉姆卡(Richard Trumka)到京都为反对议定书游说时如是说。另一个可以成立的理由是,在一些国家限制碳排放量而在另一些国家不限制,将会导致二氧化碳排放量的转移,而不是实际减少。(这种可能性若用气候术语来说,即"渗漏"。)

然而如果从另一个角度出发,伯德—哈格尔决议的逻辑又是极端自私甚至可耻的。我们不妨将大气所能容忍的二氧化碳人为排放总量假想成一块大大的冰淇淋蛋糕。如果我们的目标是将全球二氧化碳浓度控制在500ppm以下,那么差不多一半儿的蛋糕已经给人类消费完了,而这一半中的绝大部分都是被工业化国家吃掉的。如今坚持所有国家同时减少排放量，实际无异于倡导将余下蛋糕的大部分分配给工业化国家，就因为他们过去已经吃得太多了。一年里，每个美国人平均制造排放的温室气体，相当于墨西哥人的 4.5 倍，印度人的 18 倍，或是孟加拉国人的 99 倍。如果美国和印度按照同样的比例降低自己的排放量，那么波士顿市民的平均排放量仍将是孟加拉人的 18 倍。为什么一些人有权比另一些人排放更多？在几年前召开的气候峰会上，其时的印度总理阿塔尔·比哈里·瓦杰帕伊（Atal Bihari Vajpayee）对全球的领导人说："我们的人均温室气体排放量只是世界平均水平的一小部分，其数量级要远远低于许多发达国家。我相信，民主精神不会支持除全球环境资源面前人人平等之外的任何标准。"

除美国外的一般看法都认为：免除发展中国家执行《京都议定书》强制条约的决定，是一个面对棘手问题时虽不完美但却恰当的解决方式。这一安排也是框架公约的基础，它模仿了曾经被用来成功解决另一个潜在世界危机（大气臭氧层的消耗殆尽）的机制。1987 年通过的《蒙特利尔议定书》号召逐步停用破坏臭氧层的化学物质，但却给了发展中国家十年的宽限期。荷兰环境大臣梵吉尔（Pieter van Geel）为我描述了欧洲人的见解："我们不能说：'好吧，我们在使用了三百年矿物燃料的基础上获得了财富，现在你们面临发展，但因为我们有了气候变化的问题，你们就不可以按照这个速度发展。'我们必须做出榜样以为道德楷模。这也是我们要求其他国家为此做出贡献的唯一途径。"

对美国而言，克林顿政府虽在理论上支持《京都议定书》，但却没有在事实上做出贡献。1998 年 11 月，美国驻联合国大使代表政府在条约上签了字。但总统却没有向参议院提交，很显然它根本不可能获得表决通过所需的三分之二以上的赞成票。2000 年的世界地球日上，克林顿发表了多少类似于七年前他曾发表过的言辞

157

的演说:"新世纪最大的环境挑战就是全球变暖。科学家告诉我们 158
1990年代是上一个千年中最热的十年。如果我们减排温室气体失
败,致命的热浪和干旱会变得更加频繁,沿海地区将被淹没,经济
将陷入崩溃。除非我们行动起来,否则这一切就即将发生。"截至他
离任,美国的二氧化碳排放量仍比1990年的水平高15个百分点。

再没有哪一个美国的政治家(或许世界范围内也再没有哪个
政治家)会比阿尔·戈尔(Al Gore)与全球变暖的话题联系得更紧
密了。早在1992年担任参议员期间,戈尔就出版了《濒临失衡的地
球》(*Earth in the Balance*)一书。他在书中提出,保护全球环境必须
成为世界的"核心组织原则"。五年后,他又作为副总统飞赴日本,
前去挽救几乎陷入崩溃边缘的京都谈判。尽管如此,在2000年的
大选中,全球变暖也并未真正成为一个要素。在大选期间,小布什
不断重申他本人也对气候变化问题十分关切,将之看成"我们必须
严肃对待的问题"。他许诺,如果当选,他会将限制二氧化碳排放量
写进联邦法规。

上任后不久,小布什就派环境保护署的新任长官克丽斯汀·托
德·惠特曼(Christine Todd Whitman)前去参加了由世界主要工业
化国家的环境部长们出席的会议。会上,她详细阐述了自己所确信 159
的布什的立场。惠特曼向她的同行们保证,布什总统将全球变暖视
为"我们所面对的最大的环境挑战之一",并希望"设法推动这一问
题的解决"。就在惠特曼发言后十天,布什就宣布,他不但要美国退
出正在谈判中的京都会议(议定书还留下了诸多有关落实的复杂
议题需要解决),而且对于联邦政府有关二氧化碳的限制问题,他
也改变了主意。为了解释这一逆转,布什宣称他不再认为对二氧化
碳的限制是合理的,因为他认为"科学知识对于全球气候变化的原
因和解决方法的探索"尚处于"未完成状态"。(支持总统原先立场

的前财政部长保罗·奥尼尔公开推测，这一逆转是由副总统迪克·切尼策动的。）

在将近一年的时间里，布什政府基本没有对气候变化问题有过任何作为。随后，总统宣布美国将遵循一种全新的方式。美国将不再关注温室气体排放量，转而关注所谓的"温室气体强度"。布什宣布这种新方式更好，因为这种方式认可了"一个发展自身经济的国家是一个能够承担投资和新技术的国家"。

温室气体强度不是一个可以被直接测量的数值，而是一个将排放量与经济产量联系起来的比率。比如说，一个企业一年制造了100磅碳和价值100美元的商品，那么，它的温室气体强度就是1磅/美元。如果第二年这个公司制造了相同数量的碳但却多生产了1美元价值的货物，那么，它的温室气体强度就下降了1%。即便它的总排放量加倍，只要它的货物产量增加超过一倍，这个公司或者这个国家仍然可以宣布自己温室气体强度降低了。（一般来说，一个国家的温室气体强度，可以根据每创造100万美元国内生产总值所制造的碳的吨数来计算。）

关注于温室气体强度，为美国的国情开出了一个独特的阳光账户。1990年到2000年间，美国的温室气体强度下降了17%。造成这一结果的原因有好几个，其中之一便是向服务型经济的转变。与此同时，整体排放量却实际上升了12%。（就温室气体强度来说，美国比众多第三世界国家做得好，因为虽然我们消耗了更多的能源，但我们也拥有更高的GDP。）2002年2月，布什总统确立了未来十年内全国温室气体强度下降18%的目标。而在同样的十年里，布什政府期望美国经济每年增长3%。如果这两个期望都能实现，那么，温室气体的总排放量将上升12%。

完全依靠自愿措施存在的政府计划，被批评家们形容为一条诡计。设在华盛顿的国家环境信托基金的主席菲利普·克拉普

（Philip Clapp）曾称之为"一场彻头彻尾的文字游戏"。而且如果目标是为了防止"危险的人为干扰"，那么，温室气体强度当然就是一个错误的衡量标准。（从本质上说，总统的新方法等于是走了"一切如常"的老路。）政府对这些批评的回应通常都是攻击其前提。"科学告诉我们，我们无法确定到底什么构成气候变暖的危险水平，由此也无法确定必须避免什么水平。"多布里扬斯基如是说。当我问她如果那样的话，美国将如何支持避免"危险的人为干扰"的目标时，她将"我们的政策是必须以可靠科学为依据的"说了两遍作答。

就在我去会见多布里扬斯基时，美国参议院环境和公共工程委员会主席詹姆斯·英霍夫（James Inhofe），正在参议院发表题为"气候变化科学的最新进展"的讲演。在讲演中，这位俄克拉荷马州的共和党参议员宣称，已经出现的"新证据"对人类导致全球变暖的观点构成"莫大的讽刺"。这位参议员将全球变暖视作是"让美国人领教的最大骗局"。他继续指出，这一重要的新证据目前正被视人为的气候变暖为"一种宗教信仰"的"杞人忧天派"隐瞒着。英霍 162 夫不断引用来证明自己观点的权威之一即是小说家迈克尔·克莱顿（Michael Crichton）。

1950 年代，正是美国科学家查尔斯·戴维·基林（Charles David Keeling）研发了精确测量二氧化碳水平的技术。也正是研究莫纳罗亚山的美国研究者率先指出，这些水平正在稳步上升。在其后的半个世纪中，无论在理论上（GISS 和 GFDL 的气候建模工作），还是在实验上（如在北极、南极及世界每一个大洲展开的田野研究），美国为气候科学前进所做出的贡献比其他任何一个国家都大。

但与此同时，美国也是世界上所谓全球变暖怀疑论的最主要的散播者。这些怀疑论者的观点还被写成书出版，如《撒旦气体》和《全球变暖及其他生态神话》。这些书又通过"技术中心网站"（Tech

Central Station）这样的团体在网上传播，而技术中心网站的赞助者中包括有埃克森美孚石油公司和通用汽车公司。一些怀疑论者声称全球变暖不是真的，或者至少未被证实是真的。"预测一两天后的天气情况都如此困难，所以不难想象预报气候有多难。"由矿业和电力公司所资助的游说组织——美国能源平衡选择组织（Americans for Balanced Energy Choices）在网站上宣布。有人则坚信
163　二氧化碳水平的升高其实是一件值得庆贺的事情。

　　"燃烧矿物燃料所排放出来的二氧化碳对地球上的生命有利。"由名叫"西部燃料协会"的公用事业组织创办的绿化地球协会（Greening Earth Society）如是宣称。这个协会断言，即便大气中的二氧化碳水平达到了 750ppm（相当于前工业化时代的三倍）也没有什么可值得担心的，因为植物的光合作用需要大量的二氧化碳。（这个组织的网站宣称，有关这一课题的研究"经常受到污蔑"，然而"这确是一项令人激动的研究"，"对地球气候潜在变化会带来厄运的悲观看法是一剂解药"。）

　　在正宗的科学圈里，对于全球变暖这一基本判断，想要找到什么反对的证据却几乎是不可能的。加州大学圣迭戈分校历史与科学研究教授纳内奥米·奥勒斯克斯（Naomi Oreskes）最近设法对舆论水平进行了量化分析。她研究了 1993 年至 2000 年间发表在学术期刊上的关于气候变化的九百多篇文章，这些文章都收在一个重要的研究数据库中。她发现，其中有 75% 的文章赞同认为人类至少对过去五十年中所观测到的部分气候变暖现象负有责任。剩下 25% 研究方法论或气候史问题的文章，则没有对现在的情势发表立场。总之，没有一篇文章对人类正导致气候变暖的前提发出过质疑。

　　然而，像绿化地球协会这样的组织和英霍夫参议员这样的政
164　客的声明，却塑形了有关气候变化的公众舆论。这显然是他们的要点所在。几年前，民意测验专家弗兰克·伦茨（Frank Luntz）为国会

的民主党成员准备了一份战略备忘录，辅导他们去应对各种各样的环境议题。（伦茨最初因协助策划纽特·金里奇的"与美国签约"运动而成名，"被共和党人视为政治顾问，就像亚瑟王看待梅林那样"。）在"赢得全球变暖之辩论"的标题下，伦茨写道："科学论证正处于尾声（对我们不利），但还未完全结束。我们仍然有机会来挑战科学。"他提醒道："投票人相信在科学圈子中有关全球变暖的看法并未达成共识。一旦公众开始相信相关的科学议题已经尘埃落定，那么他们对于全球变暖的看法也将相应地发生改变。"伦茨还建议："在全球变暖的讨论中，最重要的原则即是你对科学证据的信奉。"

正是在这种语境，也只有在这种语境下，布什政府有关全球变暖科学的断言才解释得通。政府官员动不动就指出全球变暖在科学层面上仍然存在的不确定性（是有不少）。但是，在科学已经达成广泛共识之处，他们却不情愿去承认它。

"当我们做出决定时，我们希望确信自己的决定是有可靠科学依据的。"总统 2002 年 2 月在宣布他应对全球气候变暖的新方式的时候说。仅仅几个月后，环境保护署便向联合国递交了一份长达 263 页的报告，其中写道："温室气体排放量的持续增长可能会导致二十一世纪美国的年平均气温上升好几摄氏度（大约 3 到 9 华氏温度）。"总统驳回了这一报告（联邦政府研究员数年心血的结晶），就像是对待"官僚机构提出的"东西一样。第二年春天，环境保护署又一次努力试图对气候科学给出一个客观的总结，写出一份描绘环境状况的报告。白宫坚持要干涉全球变暖那部分的写作，其中一次，他们要求将由美国石油协会参与资助的一项研究的摘要插入报告之中，以至于在内部备忘录中，一位环境保护署的官员抱怨全球变暖部分的写作"没能准确地反映科学共识"。（当环境保护署发

165

表这份报告时,气候科学这一章节全都不见了。) 2005 年 6 月,《纽约时报》透露,一名叫菲利普·库尼(Philip Cooney)的白宫官员曾多次删改政府有关气候变化的报告, 好让这些发现看起来不那么惊人。一次, 库尼收到了一份报告, 其中写着:"许多科学发现都得出结论,地球正经历一个相对快速变化的时期。"他对此修改道:"许多科学发现暗示,地球有可能正经历一个相对快速变化的时期。"

166 在他的修改行为被披露后不久, 库尼从白宫辞职, 到埃克森美孚公司工作去了。

就在《京都议定书》生效当天,联合国召开了会议, 会议有个十分合适的名字叫做"京都后一天"(One Day After Kyoto)。其副标题是"有关气候的下一步措施"。会议在一间大屋子里举行, 里面放着一排排带有弧度的桌子, 而每张桌子上都装有一个小型的塑料耳机。会议的发言者包括了科学家、保险业的主管和来自世界各地的外交官。其中, 来自于太平洋小岛国图瓦卢的驻联合国大使描述了他的国家处于消失危险中的情况。面对两百多名听众, 英国常驻联合国代表埃米尔·琼斯·帕里爵士(Sir Emyr Jones Parry)这样开始了自己的发言:"我们不能再这样下去了。"

2001 年, 美国退出京都谈判之时, 整个努力几近瘫痪。单就美国自身, 就占到了附录 I 国家排放量的 34%。按照《京都议定书》详尽的批准机制, 只有在占排放量至少 55% 以上的国家同意之后, 议定书方可生效。欧洲国家的领导人已为此做了三年多的幕后工作,努力获取其他工业化国家的支持。其中最重要的门槛最终于 2004 年 10 月跨过。俄罗斯杜马投票批准了这一议定书。不难理解, 杜马的表决通过是以欧洲在俄国加入世界贸易组织问题上的让步为条件的。(《真理报》的标题是"俄国被迫批准《京都议定书》以加入世界贸易组织"。)

正如联合国会议上一个又一个发言人所意识到的，京都是重要的第一步，但也只是第一步。《京都议定书》将在 2012 年期满，届时，它所规定的约束条款还远不能完成稳定世界排放量的任务。即便包括美国在内的每一个国家都执行了《京都议定书》规定的义务，大气中的二氧化碳浓度仍然会朝着 500ppm，甚至更高的水平去发展。没有中国、印度这样国家的实际参与，要想避免"危险的人为干扰"是不可能的。但是中国和印度凭什么在连美国都拒绝的情况下来接受控制排放量所要付出的花费呢？未能成功挫败《京都议定书》的美国，有可能正在做出破坏性更大的事情：毁掉达成"后京都协议"的机遇。英国首相托尼·布莱尔最近说："当前的严峻现实是，除非美国回归某种形式的国际共识，否则将很难再有进展。"

令人惊讶的是，阻碍进展看起来正是布什的目标。多布里扬斯基向我解释政府的立场时说：当其他工业化国家追随一种策略时（限制排放量），美国则将遵循另一种（不设定排放限制）。要想判断哪种方式最好，现在还为时过早。"现在最根本的是切实执行这些计划方法，观察它们的效力。"她补充道，"我们认为，谈论未来的安排，现在时机还不成熟。"2004 年 12 月在布宜诺斯艾利斯举行的全球气候会谈中，许多代表团都力主召开一轮预备会议以开始详细筹划可以接替《京都议定书》发生效力的文件。美国代表团坚决反对，最终，人们要求美国以书面形式描述出自己能接受的会议是怎样的。美国开出了半页纸的条件，其中的一条是它"必须是在一天内开完的一次性会议"。另一个条件则颇为自相矛盾，如果要讨论未来，讨论中必须禁止有关未来的话题；他们写道，发言必须局限于与"现有国家政策"相关的"信息交流"。 曾是老布什政府雇员的环境保护基金会律师安妮·派松克（Annie Petsonk）也参加了布宜诺斯艾利斯的会谈。她这样回忆这份备忘录对当时其他国家代表团成员的影响："他们脸都白了。"

168

欧洲国家的领导人们没有掩饰对美国政府立场的失望。"很显然，全球变暖已经开始，"法国总统雅克·希拉克在参加完 2004 年世界八大主要工业国领导人峰会（八国峰会）后说，"所以我们必须负责任地行动起来，如果什么也不做，我们将负有重大的责任。我有机会和美国总统谈及此事。你们可以想象得到，说服他实在是太难了。"2005 年担任八国峰会轮值主席的布莱尔，曾用峰会举行前的几个月时间来说服布什"现在是行动的时候了"。布莱尔在一个有关气候变化的讲演中直言不讳地说："温室气体的排放……正在导致全球变暖，其变暖速度开始时就很快，现在变得越来越惊人，长远则将无法持续。这里的'长远'并非指的是几百年后。我的意思是，当然在我孩子的有生之年里，甚至有可能就发生在我自己的有生之年。我所说的'无法持续'，不是说导致调整困难，而是说这一挑战产生了深远的影响，具有了不可逆转的破坏性作用，它将彻底地改变人类的生存状态。"2005 年八国峰会在苏格兰格伦尼格斯举办前数周，包括美国在内的八个工业化国家的国家科学院，以及中国、印度和巴西的科学院，一起发布了一份引人注目的联合声明，号召世界各国领导人们"承认气候变化的威胁已经十分明显，并且正在日益加剧"。

但是，所有这些仍然没有对总统产生明显的影响。峰会前夕，白宫环境质量顾问委员会主席詹姆斯·康诺顿（James Connaughton）在伦敦参加会议时宣布，他仍然不相信人为的气候变暖会成为一个问题。他说："我们仍在研究其中的因果关系，研究人类到底在何种程度上成为气候变暖的原因之一。"根据《华盛顿邮报》的报道，政府官员坚持弱化一份为峰会召开而采取联合行动的建议，要求删除引证了"越来越令人信服的有关气候变化的证据，包括海洋和大气温度上升、冰原和冰川消逝、海平面上升和生态系统变化"的一个段落。这次峰会最后达成的公报（因为伦敦地铁爆炸事件，这次公报的受关注度下降了)在很大程度上体现了政府的立场;它将全球变暖说成是"重要而长远的挑战",但也引用了"我们对气候科学了解"的"不确定性",含糊地号召八国集团成员"促进创新"和"加快采用清洁技术"。

亚利桑那州的共和党参议员约翰·麦凯恩(John McCain),是一项要求兑现布什在 2000 年大选时所承诺的限制二氧化碳排放量的议案的主要提出者。《气候管理法案》(Climate Stewardship Act)号召美国到 2010 年将温室气体排放量减少至 2000 年的水平,到 2016 年降至 1990 年的水平。麦凯恩两次设法将《气候管理法案》提交至参议院投票,两次都受到了来自白宫的强烈反对。2003 年 10 月,这一法案以 55 对 43 的投票被挫败;2005 年 6 月,下降至 60 比 38。当我要求麦凯恩来形容一下布什在全球变暖问题上的立场时,他回答道:"逃兵。"

"很显然,由于证据充分,随着时间的推移,我们迟早会在这个议题上获胜。"他继续说道,"气候变化的巨大影响正一天天变得越来越显而易见。问题是:是否已经太晚了?世界温室气体总量的 25% 都是由我们国家排放的。在我们行动之前,将已经造成多大的破坏?"

在我写下这篇文字时,美国的排放量已经比 1990 年上升了将近 20%。

第九章

佛蒙特州的伯林顿

　　位于尚普兰湖东岸佛蒙特州的伯林顿，无论以哪种标准来衡量，都只是一个小城市。然而在佛蒙特州，它已经是最大的城市了。几年前，这里的选民决定不再授权当地的电力公司去购买更多的电，而是自己节约用电。从那以后，在努力减少温室气体排放方面，这个城市也许与这个国家的任何一个自治市做得一样多。伯林顿电力局也许是美国唯一一个车队里包括了山地自行车的公用事业单位。

　　自 1989 年起，彼得·克拉维尔（Peter Clavelle）就是伯林顿的市长。其间仅有两年的中断，他喜欢称之为"选民授意的休假"。他是矮个子，头略秃，有着黑白混杂的小胡子和一双忧郁的蓝眼睛。在他"休假"期间，克拉维尔和他的家人一起居住在格林纳达岛上。

　　"住在岛上，你才能够真正接触到什么是可持续的，什么是不可持续的。"他告诉我。这是一个闷热的 7 月天，我们开着克拉维尔173 的本田思域混合动力汽车，在城镇里四处观光，参观这里的节能项目。他还停下车来指给我看一辆前护栅上装着自行车架的城市公交车。

　　"气候保护的议题和可持续性相关，"他继续说道，"它们和

124

后代相关,也和坚信地方行动有可能起到重要作用相关。我们大部分人都为联邦政府缺乏远见和行动而感到失望,但我们有一个可以行动的选择。你可以哀叹联邦政府的政策,也可以掌控自己的命运。"

2002 年在伯林顿发起的节能运动,以"10%的挑战"而闻名。("给全球变暖泼冷水"是这一运动的口号。)正如这一运动的名称所显示的,市民的目标是将温室气体排放量减少 10%,尽管到底以哪年为基准线并没有清楚规定。为了促进目标的实现,伯林顿尽其所能,从为企业提供免费的能源咨询到为孩子设计"能效日历表"等等。当地麦当劳托盘衬垫上面都印了一只善意但令人毛骨悚然的名叫迪诺(Climo Dino,"气候龙")的恐龙。"一颗巨大的小行星改变了我们的气候,但你们人类却以每年向大气排放 60 亿吨二氧化碳的方式在改变着你们的气候。"迪诺评论道。

我们此行的第一站是一个城市垃圾场。这个城市不是将垃圾收集起来,而是将它卖掉了。伯林顿鼓励承包者不仅要致力于清除,更要致力于"解构"。这一做法不但能减少城市废物流,而且能减少对新材料的需求,从而达到节能的效果。在一间曾经是车库的屋子里,许多"解构"的水槽、门和其他垃圾以展览厅的风格摆放着。一架几乎是新的梯子靠在墙边等待正好需要相同规格楼梯的买家。在停车场,一些年轻人用旧的三合板搭建了一座花园棚屋。克拉维尔告诉我,他是从明尼阿波利斯市的一个类似的项目上获得了开展"北部回收"(ReCycle North)项目的灵感。"这是一个剽窃来的管理方式。"他高兴地说。

我们的下一站是伯林顿电力局总部。在这座建筑的背后,我看到一个在微风中轻快旋转的风力涡轮机。这个涡轮机象征着这座城市的努力,同时也为三十个家庭送去了足够的电力。总的说来,伯林顿电力局将近一半的电力都来自于可再生能源,其中包括了

174

一个利用木屑发电的 50 兆瓦的电厂。走进电力局总部,我们会路过一个节能灯泡展览,公司以每月 20 美分的价格将灯泡租给有兴趣的顾客。电力局官员克里斯·彭斯(Chris Burns)出来和我们打招呼。他解释道,一个整夜用 100 瓦白炽灯泡进行门廊照明的家庭,如果改用节能灯泡,这家的电费账单会下降 10%。他说,伯林顿的不少企业靠着调整恒温器等等简单基础的措施,节约的能源大大超过这个比例。伯林顿电力局估计,这个城市业已上马的节能项目,在其使用期内将会避免将近 17.5 万吨的碳排放。"我们把每一座建筑都看成了一座发电厂。"彭斯告诉我。

这天稍晚些时候,克拉维尔带我参观了城市市场——一个建在市政用地上的食品杂货店,事实上,这片土地过去曾经是危险废料的堆放场。市府赞助开设了这家市场,好让伯林顿的居民不再需要开车去郊区购买食物。"我们估计,过去一个西红柿大约需要旅行 2500 英里才能到达我们的厨房餐桌,"克拉维尔说,"现在我们可以就在这儿生产西红柿。"最后我们又去了一个叫 Intervale 的城区。作为威努斯基河沿岸较易泛滥的平原,那里曾经是一块农田,后来变成了一块荒地,如今它是各种社区花园与园艺合作社的所在地,比如"幸运女士鸡蛋农场"(Lucky Ladies Egg Farm)和"流浪猫农场"。我们到达那里时,天气变糟了。倾盆大雨中,我们在一个砖砌的老农舍前停了下来。屋子前面堆放着各种形状和大小的西葫芦。隔壁是一个堆肥设施,从地方饭店收集来蔬菜垃圾,在这里将变回泥土。

"这是一种闭合循环。"克拉维尔告诉我。

也许有些出乎意料的是,美国阻止《京都议定书》生效的行为却引发了一场并不完全是草根性质的运动。2005 年 2 月,西雅图市长格瑞格·尼科尔斯(Greg Nickels)开始推广传播一套被他称之为

"美国市长气候保护协议"的原则。四个月内，一百七十多位市长代表 3600 万人民，在协议上签了字。其中包括纽约市长布隆伯格（M. Bloomberg）、丹佛市长希肯卢珀（J. Hickenlooper）、迈阿密市长迪亚兹（M. Diaz）。签署者同意"在自己社区范围内，努力达到或超额完成《京都议定书》的目标"。与此同时，来自纽约、新泽西、特拉华、康涅狄格、马萨诸塞、佛蒙特、新罕布什尔、罗德岛、缅因的官员宣布，他们已经达成了一个试行协议，协议规定各州把各自电厂的排放量先控制在现有水平上，随后再努力进一步减少。甚至连阿诺德·施瓦辛格州长这样一位悍马收藏家也参加了这次运动。2005 年6 月，他签署了一项行政命令，要求到 2010 年为止加利福尼亚的温室气体排放量要减至 2000 年的水平，到 2020 年进一步减至 1990年的水平。"我想说争论已结束。"施瓦辛格在签署政令前宣布。

伯林顿的经验在事实上证明了地方行动的有效性。自克拉维尔担任市长的 16 年里，佛蒙特州的用电量上升了将近 15%，但与之形成对比的是，伯林顿的用电量却下降了 1%。所节省的电量完全是依赖户主和企业的自愿措施取得，想必他们已经逐渐将控制电气账单看成是自身的利益了。

当然，伯林顿的经验也显示了地方行为明显的局限性。最多的节约完成于早期，是通过政府发行债券资助能源节约项目取得的。于是，当最低效的家庭和企业被改善后，想要取得进一步的成就也就越来越难了。"10% 的挑战"运动开始于 2002 年，但这个城市的电力需要已经开始缓慢递增，到目前为止已经比运动之初略高。与此同时，电力使用方面的节约被其他能源（比如以汽车和卡车为主）日益增长的二氧化碳排放量所抵消。在回市政厅的路上，我问克拉维尔还能再采取些什么措施。

"要是我们能说'好，只要我们批准了这个项目或者行动，问题就会解决'，那么事情就好办了。"他告诉我，"但事实是没有这种一劳永逸的良方。我们不是能做一件事,也不是能做十件。我们有成百上千件事必须做。"

"我是有些沮丧了,"他说,"但你必须保持希望。"

自然资源保护委员会(NRDC)的总部位于曼哈顿西二十街上。这些办公室占据着一座十二层的装饰派艺术风格的建筑最上面的三层。它们设计于 1989 年,被当作是高能效都市生活的典范。其中装有"占位传感器"(occupancy sensors),周围没人的时候,电灯可以自动关闭,而聚合物包裹的特殊窗户可以隔热。楼梯上方一个巨大的天窗想必是为接待区提供自然光线的,当然,十五年后的今天,玻璃上已经积了一层纽约的尘垢。

大卫·霍金斯(David Hawkins)负责自然资源保护委员会的气候项目。他高高瘦瘦,微卷黑发,十分和蔼。霍金斯三十五年前刚从法学院毕业就来到这个环保组织工作直到今日。中间只有一个小的间断,即 1970 年代晚期,他曾经担任过环境保护署空气质量处的负责人。目前,他大部分时间都待在中国,会见中国国家发改委和陕西煤炭化学研究所的官员们。

未来的十五年里,中国的经济规模将至少会翻一番。这一预期增长(大部分都是需要燃煤的)不仅将超过现今美国所有的节能项目,而且更将超过任何合理想象的项目范围。霍金斯给了我一份他有关未来电厂建设的发言的副本。文中有一个详细说明中国计划的图表:到 2010 年,中国将会新建 150 个一千兆瓦发电能力的火力发电厂(或相应发电能力的设施);到 2020 年,中国将在此基础上再新建 168 个电厂。假设美国的每一个城镇都采取类似伯林顿的努力,未来数十年内,其总减排量将达到大约 13 亿吨。但同时,从中国这些新建工厂中排出的碳却将达到 250 亿吨。换种方式来说,中国的新工厂将在不到两个半小时的时间内燃烧掉伯林顿过去、现在和未来所减少的排放量。

按照一般逻辑，这些数字也许会让你倍感失望。在这个意义上，客观看待全球变暖几乎与拒绝看到这一问题同样危险。不过，霍金斯仍是一个乐观主义者——也许是出于职业的需要。"如果你正在考察全球变暖，你必须要研究一下已工业化和正在工业化的大国的排放量。"他说，"用不了多长时间，你就会得出结论，除非你认真考虑美国和中国的情况，否则将无法解决这一问题。换句话说，如果你解决了美国和中国的情况，你也就可以解决这一问题。"

"中国正处在起飞阶段，"他继续说道，"所以，人们还有机会用现代技术而非临时技术来创建它。这对我们是一项挑战：采取行动去说服中国人相信对他们来说这将是更好的策略。"

他指出，中国正处于工业化进程中，其模式与四五十年前美国的模式十分相似：其工厂依靠过时的、效率极低的发动机；其电力传输系统也比较陈旧；虽然它是世界上节能型荧光灯泡的主要生产国，但自己却很少使用。（就国内生产总值的单位能量消耗来说，中国所消耗的能源是美国的 2.5 倍，是日本的 9 倍。）如果中国能够对企业进行现代化，用可再生能源来满足一定数量的预期能源需要，那么，估计新建火力发电厂的数目可以减少将近三分之一。

如今，中国只建造传统的火力发电厂。就技术而言，"碳捕捉与储存"（CCS）在这种类型的工厂完全不可行。但如果中国转而采用煤炭气化技术，至少从潜在意义上讲，新工厂的二氧化碳排放量可以被采集和封闭起来。用这种方法，碳排放量可以被大幅度地降低，甚至可能达到零排放。据总体估计，煤炭气化技术和碳捕捉技术将会使这些新建工厂的运行成本上升 40%。（这不是一个准确的数字，因为碳捕捉技术尚未被实际运用于商业发电厂。）霍金斯已经计算过，即使假设如此高的成本差额，世界上所有发展中国家即将新建的火力发电厂中使用碳捕捉技术所需的额外成本，也可以

180

通过由发达国家电力消费者交纳 1% 税款的方式来支付。"那么,这将是完全支付得起的。"他说。

中国的增长常常被引证成美国不作为的正当理由:如果美国的努力最终起不到重要的作用,自找这么多麻烦的意义又何在呢?霍金斯认为上述观点只能使事情彻底倒退。美国做的事,中国终究也会做。"这不是理论,"他说,"我们已经从汽车污染控制上看到了。我们大约在 1970 年代采用了控制措施,如今全世界都要求采用这种现代的污染控制措施。我们使用在电厂的二氧化硫洗涤器,如今中国也在使用它。这么做有一个非常实际的理由:如果美国这样的国家采用清洁技术,那么,市场就会使这种技术的价格下跌,于是其他国家也就看到可以采用了。"虽然近些年美国没有新建火力发电厂,但分析家们预期,未来十年这一情况可能会发生变化。霍金斯指出,凡是不带有碳捕捉技术的新电厂,美国都必须禁止兴建。

"如果我们能够颁布政策禁止在美国建立不收集自身排放物的火力发电厂,并鼓励中国人新建带有收集排放物设施的发电厂,那么,无论有没有国际公约,都没有什么关系。"他说,"只要我们弄清了事实,我们就已经赢得了时间。"

第十章

人类世的人类

几年前,在《自然》杂志的一篇文章中,诺贝尔奖获得者、荷兰化学家保罗·克鲁岑(Paul Crutzen)创造了一个新术语。他说,不久后我们就不再会认为自己是生活在全新世。取而代之的是,一个与先前不同的时代已经开始。这个新时代以人这种生物物种命名,这一物种如此突出,因为他甚至能够在地质上改变地球。克鲁岑把这个时代称作"人类世"(Anthropocene)。

克鲁岑不是第一个爱造此类新词的人。1870 年代,意大利地质学家安东尼奥·斯托帕尼指出,人类的影响将引入一个新的时代,他称之为"人类代"(anthropozoic era)。数十年后,俄国地球化学家弗拉基米尔·伊凡诺维奇·韦尔纳茨基提出地球正在进入一个被人类思想统治的新阶段——"人类圈"(noosphere)。虽然这些早期术语都带有正面肯定的意义("我带着极大的乐观希望……我们生活在向人类圈的过渡之中",韦尔纳茨基写道),但是,"人类世"的言外之意却带有明显的警示意味。人类已经变为掌控地球的主宰,然而他们还根本不清楚自己将何去何从。

克鲁岑因为对臭氧层损耗的研究而获得了诺贝尔奖。这一现象与全球变暖具有诸多科学与社会方面的相似性。通常破坏臭氧层的化学物质是含氯氟烃（chlorofluorocarbons），后者无色无味，类似于二氧化碳，表面上也无害。（为了证明其安全，它的发现者曾经吸入一些含氯氟烃，然后用气吹灭了一套生日蜡烛。）从 1930 年代开始，这种"奇妙的气体"开始被用作冷却剂，到了 1940 年代，又成为制作泡沫塑料的成分之一。直到 1970 年代，人们才开始意识到含氯氟烃也许是一样值得担心的化学物质，化学家们开始在纯学术层面上思考含氯氟烃在高空中将会发生怎样的变化。他们测定，虽然这种化学物质在地球表层是稳定的，但到了同温层就不再如此了。一旦含氯氟烃开始分解，就会出现游离氯。他们推测，游离氯会变成催化剂，促使臭氧（O_3）转变为普通氧气（O_2）。由于同温层的臭氧保护地球避免了紫外线的辐射，因此，研究者们警告说，继续使用含氯氟烃将会带来灾难性的后果。与克鲁岑同享诺贝尔奖的弗兰克·舍伍德·罗兰（F. Sherwood Rowland）一天晚上回家时对妻子说："工作进展得很顺利，但看起来，世界的末日就要到了。"

184　　1980 年代，含氯氟烃的破坏性被证实——是以一种出乎研究者意料的戏剧性方式证实的。人们发现，南极洲上空的臭氧层出现了一个"洞"。（如果美国航空航天局计算机程序没有将那些看起来太低的臭氧水平数据当成错误数据删除的话，那么这一证实还会发生得更早。）即使有关含氯氟烃影响的证据正不断累积，但作为世界上超过三分之一的含氯氟烃的供应商，美国的化学品制造商仍然在反对对之进行控制。他们一方面声称有关这一问题尚且需要展开更多的研究；另一方面又声称只有全球统一行动才能应对这一问题。其时，里根总统的内政部长唐纳德·霍德尔（Donald Hodel）建议，如果含氯氟烃真的破坏臭氧层的话，人们也只需要戴太阳镜和帽子就能解决了。他坚称："那些不需要在太阳下暴晒的人，就不会受到影响。"最终于 1987 年，《蒙特利尔议定书》达成协议，逐步停止使用含氯氟烃的进程开始。（应当指出，含氯氟烃也是一种温室气体。)根据预测,在以后的几年中,臭氧水平将降至低点,但随后又开始缓慢回升。这一决议到底是代表着科学的成功还是正好相反,这完全取决于你看问题的角度。正如克鲁岑所说,如果氯在大气上层的作用发生一点轻微的变化,或者如果代之以同类化学物质溴的话,那么,到人们想探讨臭氧层的状态时,就会发现"臭氧洞"已经是从南极延伸到北极了。 185

"这种灾难性的情况没有发展,其实更多靠的是运气而非凭智慧。"他写道。

就全球变暖来说,在理论和观察之间存在着更长的时间差。克鲁岑认为,人类世的开端可以回溯到1780年代,即瓦特完善蒸汽机的年代。阿列纽斯则于1890年代开始了他用纸和笔的计算。而北极海冰的消融、海洋的升温、冰川的迅速收缩、物种的重新分布和永冻土的融化则都是新近才观察到的现象。直至最近五到十年,全球变暖才最终从气候多变性的背景"噪音"中凸显出来。即便如此,可以观察到的变化也总是落后于已经开始发生的变化。迄今为止观测到的变暖现象也许只占到了地球为保持能量平衡所需变暖程度的一半。这意味着,即便二氧化碳排放量能够被稳定在今日的水平上,温度仍将继续上升,冰川还将融化,未来几十年的天气模式还将发生变化。

但是,二氧化碳水平并不会保持稳定。正如索科洛和巴卡拉的"楔形"计划图标所显示的那样,哪怕仅仅只是减缓增长,也已经是一个野心勃勃的承诺,需要新的能源消耗方式、新技术和新政治来支持。无论"危险的人为干预"的阈值是450ppm的碳浓度,还是500ppm,甚至550ppm或600ppm,世界都已经迅速靠近那一点了, 186到那时实际上超过阈值已经不可避免。无论是以还需更多研究为理由,还是以有意义的努力代价太高为理由,抑或是以这给工业化国家施加了不公平负担为理由，拒绝行动都不会推迟后果的降临，只会加速其到来。英国杂志《新科学家》最近推出了有关全球变暖的问答，最后一个问题是："我们应该有多担心？"问题的答案则是另一个问题："你感到有多幸运？"

好运和足智多谋当然是必不可少的人类才能。人们一直在想象着新的生活方式，然后想出办法去改造世界以使其符合自己的想象。这一能力使我们整体得以克服过往无数的威胁，无论这威胁是来自于自然还是我们自身。从这个长远观点看，可以说，全球变暖只是从瘟疫到核毁灭前景的一系列考验中的又一项考验。因此，此刻看起来不能解决的窘境，一旦我们能够从长计议和苦思冥想，我们便会清楚该如何做。

当然我们也可以更长远地来看待这一处境。格陵兰冰芯所提供的气候记录回溯了过去十万年一段段的历史，南极冰芯则可回溯四十万年。除了二氧化碳水平和全球温度之间的明显关联，这些记录还表明最后一次冰河作用期间，气候曾频繁地急剧变化，极具创伤性。在这段时间内，基因与我们相似的人类在地球上流浪，留下的永久物品无外乎孤立的洞穴壁画和成堆的乳齿象骨。随后，大约是在一万年前，气候发生了变化。气候稳定下来，所以人也开始定居。人们修建了村庄、城镇和城市，与此同时，发明了未来文明将要依附其上的所有基础技术——农业、冶金以及书写。离开了人类的巧智，上述发展诚然是不可能实现的，但如果离开了气候的配合，光有巧智，估计还是不够的。

冰芯记录还显示了，我们正在不断地接近上次间冰期中的温度最高点，其时海平面比今天大约要高 15 英尺。温度只要再高几度，地球就将达到自有人类进化以来的温度最高峰。气候系统中已被证明的回馈作用（冰反照率回馈、水汽回馈、温度与永冻层中碳储存量之间的回馈)对系统的小变化作出反应,将其增强为更大的作用力。也许最不可预知的回馈作用恰是人类自己。地球上生活着60亿人,很明显,危险无处不在。季风模式的紊乱、洋流的变化和大旱,任何一个都可能轻而易举地导致人数以百万计的难民流。全球变暖的影响正变得越来越不容忽视,我们是要予以全球同心的回应?还是缩回狭隘的、具有破坏性的利己形式?很难想象,一个高科技社会竟会选择毁灭自身,然而,我们正在做的事却恰是如此。

188

189

后记（06 年版）

2005 年 8 月 29 日早晨，卡特里娜飓风袭击了新奥尔良。一个月后，飓风丽塔又在得克萨斯的萨宾渡口和路易斯安那州的约翰逊湾之间登陆。又过了一个月，强度创纪录的威尔玛飓风猛然袭击了尤卡坦半岛，就在卡门海滩北面。虽然大西洋的飓风季于 11 月 30 日正式结束，但风暴却在继续肆虐。最终，美国飓风中心备用的飓风名字都用完了，不得不开始使用希腊字母来命名。热带风暴捷塔于 12 月 30 日形成，并一直持续到新年。2005 年大约有 27 个获得命名的风暴，创下了历史纪录。在这些风暴中，15 个发展成熟为飓风，这也是历史纪录。一般说来，北大西洋在十年中会形成 3 个或 4 个五级飓风。但 2005 年，一个飓风季中就出现了 3 个。不用说，这也创下了一个历史纪录。

跟随着卡特里娜飓风的步伐，我数次去路易斯安那报道这次劫掠。其中一次，我和美国海洋与大气局的官员一起开车到达了新奥尔良东南、扭曲伸入墨西哥湾的那个狭长地带普拉克明教区的最尖端。普拉克明地区一直是被两边的防洪堤保护着的，但在卡特里娜飓风和丽塔飓风中，水从各个方向涌了进来。我们沿着密西西比河向南开，路上看见一堆堆腐烂的鱼、被海水浸泡致死的柑橘园、乱糟糟丢在公路路肩的船只。我们越往前开，毁坏越彻底。在萨尔弗港，许多房子已经变成了瓦砾堆。少数尚未倒塌的房子也已经没了外墙，你可以辨别出曾经是厨房、起居室和书房的地方。树上点缀着令人惊讶不已的各色家庭用品：夹克、轮胎、椅子和自行车。结果变成我们争相看谁能从树叶中找到最为荒诞奇怪的物品。除了偶尔路过的装满国民兵和操着西班牙语的工作人员的悍马车，我们几乎是这一地区仅存的人类。这里出奇地安静。最终在接近Empire 的地方，有人发现了挂在树上、看起来像条毯子的死牛尸体。牛的身体被掏空和晒干了，头则又肿又大。

　　飓风从海洋表面的暖水中获得力量。这就是它为什么只出现在热带，并且只出现在海水温度最高季节的原因。全球变暖会导致飓风强度的增加，但由于飓风形成需要精确的条件，比如，风切变太多，飓风就会分裂，因此对飓风进行远期预测是很困难的。2004年，美国海洋与大气局地球物理流体力学实验室（GFDL）的研究员们发表了通过九个不同的气候模型对飓风进行模拟的研究结果。他们预报，未来几十年，飓风的强度将有所增加，但增加的力度不大——几乎看不出来。2005 年，就在卡特里娜飓风发生前几周，麻省理工学院一个名叫克里·伊曼纽尔（Kerry Emanuel）的研究者发表了对于已发生风暴的研究。这一研究依靠的是从飞行器上收集来的数据。它表明，在过去三十年间，飓风的威力已经翻倍。几周后，就在丽塔飓风到来之前，佐治亚理工学院的科学家们发表了另一项研究，其数据来自于卫星。和伊曼纽尔一样，佐治亚理工学院的团队也发现，气候模型未能反映气候变暖对风暴强度的影响。1975 年到 2004 年，热带的海面温度上升了大约 1 度，而同期飓风中达到四级或五级飓风的比例则增加了近 100%。

　　要想描绘气候变化，承认存在着诸多不确定因素是非常重要的。但认识到不确定性的两面性也同样重要。斯坦福大学全球生态系卡内基研究所的研究员肯·卡尔代拉（Ken Caldeira）最近曾说：
"说起来，气候建模史是保守的，它低估了气候变化的影响。"出发
193 去瑞士营开始他的第十七个田野考察季前夕，康拉德·斯特芬曾与
我谈起格陵兰的最新数据。他说，冰盖发生变化的数量级其实远比
他获知的预期情况要来得快。

如果这些趋势没有持续下去，"我们会有问题。"他告诉我。如
果这些趋势一直持续下去，"我们会有一个深层问题。"

自从本书于 2005 年秋初版以来，众多有关全球变暖的新研究
陆续出现。令人不安的是，其中的大部分都得出了相似的结论：世
界的变化比预想的要更快也更具戏剧性。以下是几个例子：

●2005 年 9 月，夏季融冰季节的尾声，卫星测量表明，北极冰帽
的范围已经收缩至历史最低水平。冰的耗损如此巨大，以至于促使
科学家们不得不去修改自己曾经的预测。早先他们预测北冰洋将
会在 2080 年前呈现为夏季无冰的状态，而新预测则是"远远早于
本世纪末之前"。当北极的白昼变短之时海冰就会增长，但 2006 年
4 月，美国冰雪数据中心报告，去年冬末记录的海冰范围仍然是历
194 史最低。

● 一个海洋生物学家小组在《自然》杂志上撰文警告说，由于
海洋中二氧化碳积聚，主要海洋生物的生存难度增加。（海水中溶
解的二氧化碳呈弱酸性质，对贝壳形成产生一定干扰。）这个小组
警告，不利环境"将会在数十年内发展形成，而不是先前预想的几
个世纪"。

●美国海洋与大气局报告，2005 年大气中的二氧化碳水平增
长量已经跃升至接近创纪录的 2.53ppm。"增长速度正在加快。"美
国海洋与大气局二氧化碳首席分析师谭斯（Pieter Tans）说。

● 美国航空航天局和堪萨斯大学的研究者们得出结论，1996
年至 2005 年间，格陵兰的冰损失已经翻倍，冰川流动速度也加

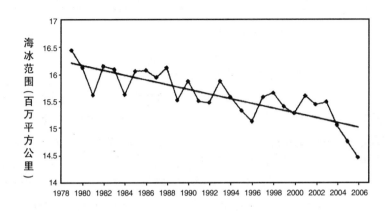

年份

近些年来，海冰范围已经迅速变小。

引自美国冰雪数据中心，2006。

快了。 195

● 通过分析侦查地球万有引力微小变化的卫星数据，科罗拉多大学的科学家们得出结论，南极洲的冰正在消逝。科学家们认为损失大约为每年 36 立方英里。上述发现来势不妙，因为气候建模者们曾经预测出南极冰盖的总量将会增长，理由是温度上升会给南极洲腹地带来更多降雪。

即便有关气候的信息变得越来越紧急，华盛顿的态度却似乎没有发生多大的变化。布什政府继续宣称美国致力于避免"危险的人为干扰"，但同时又继续阻拦着朝向这个目标的一切努力。2005年 12 月，联合国框架公约各方的第十一次会议在蒙特利尔召开。当讨论至开启有关后京都条约的会谈时，美国气候问题首席谈判代表哈伦·沃森（Harlan Watson）离开了会场。在蒙特利尔的新闻发布会上,副国务卿多布里扬斯基被问及她将如何面对"美国国内那些认为你没有付出足够努力的人们"时,她的回答颇令人惊奇:"我们行动,我们学习,我们再行动。"

政府同样继续压制着那些它不愿意听到的信息。2006 年早些时候,美国航空航天局的詹姆斯·汉森告诉记者白宫正试图审查他,坚持让政府的公共事务官员检查他的讲演和论文。(其后不久发现,试图限制汉森发表言论的官员之一、24 岁的政务人员乔治·多伊奇篡改过个人简历,此人随后辞职。)几周后,总统向迈克尔·克莱顿去寻求解决这一议题的建议。后者的惊险小说《恐惧状态》(*State of Fear*)将气候变化描述成环境保护论者的捏造和虚构。据报道,布什和克莱顿"会谈了一个小时,结果意见几乎完全一致"。

由于美国的参与对后京都条约至关重要,很显然,很多事情都取决于即将到来的总统选举。很多人认为,即便美国的政策看上去是停滞不前的,但选民的观点却会有变化。我虽然并不完全同意上述看法,但有一些迹象还是令人鼓舞的。在过去的一年中,许多宗教团体和大公司开始迫切要求强制性地限制排放量。与此同时,努力从自身做起的州和自治市的名单也开始增加。(举一个近处的例子,我所居住的马萨诸塞州西部小镇的居民几个月前就投票,通过了对购买低油耗汽车的家庭予以税收优惠的政策。)当看到自己的影片《难以忽视的真相》(*An Inconvenient Truth*)在周末公映期间比以往任何一部纪录片收视率都要好时,戈尔宣布自己非常乐观地认为美国会及时回应气候问题。他将政治体系和气候相类比:"它是非线性的。看起来它正以冰川的速度移动,但一旦超过了临界点,它突然就会以一种全新的方式运动。我看到过这一现象发生。"

在路易斯安那,我和住在拖车里的很多人聊天,他们的家及一切都被毁了。我也和工程师、水文学家、堤防监督和勘测人员交谈。

这些人所说的话都惊人地耳熟。卡特里娜飓风到来前的若干年，几乎所有研究过新奥尔良情况的人都得出过相同的结论：这里是防守不住的。因其地质状况，这个城市正在下沉。抽取地下水和为石油勘探挖隧道等等一系列的人类活动，也使这一问题日渐恶化。原本新奥尔良周围作为风暴肆虐时缓冲带的湿地正在削减，其消失速度之快，每38分钟就有相当于一个足球场那么大的区域消失。即使按美国陆军工程兵团的测算，修建来保护这座城市的堤防也还是不够用，更何况据悉军队是全面低估了危险的。2001年10月，《科学美国人》杂志刊登了一个故事，它将新奥尔良描述为"一场将要发生的灾难"，并警告说"只有大规模重建路易斯安那东南部，才可以挽救这座城市"。第二年，《花絮时报》(*Times-Picayune*)发表了一组五部分、四千字的系列文章，名为"冲刷一空"(Washing Away)，也传递了类似的信息。美国土木工程师协会的官方出版物提问道："是否有什么防御工事最终能够保护这个持久下沉的城市？" 198

所有的研究和新故事都在那里，等待每个人去阅读。当然，未来的风暴将会发生在未来，而为之做准备的花费却必须由今天来承担。从精神和经济上逃避事实是很容易的事。所以，生活还一如既往地继续着，而每个人都抱着最好的希望。

马萨诸塞州，威廉姆斯镇
2006年7月　199

后记（09 年版）

这本书写作于全球变暖的证据越来越呈现出压倒性态势但美国政治系统却没能承认这一问题之时。本书出版后，又发生了很多事情。卡特里娜飓风摧毁了新奥尔良。戈尔和政府间气候变化小组成员一起获得了诺贝尔和平奖。美国选举出了新总统，他承诺与气候变化做斗争将在他的政府中具有"重要的优先地位"。就在奥巴马就职典礼前不久的 ABC 新闻调查中，四分之三的被调查者认为总统应该"推行政策以努力减缓全球变暖"。气候变暖不再是边缘话题，而是成为了数百万美国人的主要关注点。

这一变化是令人鼓舞的。我很愿意能够在这里写道：我因此对我们的处境更为乐观。然而，可悲的是，情况正好相反。

我是在 2005 年末完成此书写作的。而目前，按照美国航空航天局戈达德空间科学研究所的数据，那一年的温度为历史最高，其后每一年的温度也都排在历史前十位中。与此同时，成百上千、也许是成千上万的有关气候变化的新研究出现。令人不安的是，它们中的大部分都得出了相似的结论：世界正在比预想的更快也更戏剧性地发生着变化。"差不多在所有方面，变化都比设想的要发生得更快。"德国波茨坦气候影响研究所的负责人舍尔恩胡波

（H.J. Schellnhuber）最近评论道，"我们正走向世界气候的不稳定期，其发展要远远超出大多数人及其政府的想象。"

举个例子，让我们来考虑一下北极的海冰。2005年9月，夏季融冰季节的末尾，卫星测量表明，冰帽的范围已经收缩至历史最低水平。冰的耗损如此巨大，以至于促使科学家们去修改自己曾经的预测。早先他们预测北冰洋将会在2080年前呈现为夏季无冰的状态，而新预测则是"远远早于本世纪末之前"。2007年9月，另一个戏剧性新低的纪录被创下。在两年时间里，冰帽已经超出预想、令人惊讶地额外收缩了23%。在人类记忆中，这是西北航道的第一次通航。科学家们再一次被迫需要修改自己的预报。美国航空航天局的杰·齐瓦利（在瑞士营时，我和他共乘过一辆雪地汽车）预测，北极冰帽将在2012年接近消失。

"北极常常被引述为关在气候变暖煤矿中的金丝雀[①]，"齐瓦利说，"现在，金丝雀死了。"

最近从南极洲和格陵兰观察到的现象同样引人注目。2006年，一组研究者通过分析侦查地球万有引力细微变化的卫星数据后得出结论，南极洲的冰正在以大约每年36立方英里的速度消失。同年，美国航空航天局和堪萨斯大学的科学家们宣布，过去十年中，格陵兰冰川的冰流速已经翻倍。这些发现特别重要，因为多数模型曾经预测由于冰原中心降雪量的增加，未来几十年冰原将有可能会呈增长趋势。"现在提前了100年。"宾夕法尼亚州立大学的冰河学家理查德·艾利（Richard Alley）评论道。就在出发去瑞士营开始他第十七个田野考察季前夕，康拉德·斯特芬曾与我谈起格陵兰最

---

① 金丝雀对瓦斯十分敏感，煤矿内有瓦斯它便会焦躁啼叫，起到报警的作用。——编注

近的数据。他说,冰原发生变化的数量级远比他获知的预期要来得快。如果这些趋势没有持续下去,"我们会有问题。"他告诉我。如果这些趋势一直持续下去,"我们会有一个深层问题。"

由于格陵兰和南极洲的冰损失会导致海平面的上升,因此,我们对这方面的估计数据也必须重新加以修改。我写作本书时,人们预计,到本世纪末,海平面至多上升 3 英尺。这一数字现在已经翻倍,如今估计的上升最大数值是将近 6 英尺。2008 年秋,由荷兰政府任命的一个委员会发出警告,由于海平面上升,荷兰将不得不支付 1000 亿欧元(大约 1400 亿美元)来加固堤防。

我写作本书时,人们在讨论二氧化碳水平升高所带来的威胁时主要考虑的还是陆地上生命的生存问题。此后,越来越明显的事实表明,二氧化碳水平升高对海洋生物也构成了极大的威胁。

海洋覆盖了地球表面 70%的面积。只要水与空气发生接触的地方,就存在着交换。大气中的气体被海洋所吸收,同时,被水溶解的气体也不断释放到大气中。当二者取得平衡时,吸收量大体等于释放量。然而,由于二氧化碳水平的迅速升高,这种交换开始变得不再平衡:空气中更多的二氧化碳进入水中,但释放出来的气体却相对较少。

二氧化碳溶解于水会产生碳酸——H_2CO_3。作为酸而言,H_2CO_3相对无害,我们喝可乐和其他碳酸饮料时都会喝到,然而,如果量足够大,它就会改变水的 pH 值。(自工业革命以来我们排入大气的 2500 亿公吨碳,其中的差不多一半都已经被海洋吸收了。)进入海洋的碳已经造成表层海水 pH 值下降了 0.1,由于 pH 值和里氏震级一样是一个对数测度,0.1 的下降即意味着酸度上升约 30%。这一过程一般被称作"海洋酸化"。

由于深海洋流速度缓慢等各种各样的原因,要想逆转已然发生的酸化几乎是不可能的。即便将来我们找到了能使二氧化碳排放停止的方法，海洋仍会继续吸收碳，直至与空气达到新的平衡。正如英国皇家学会所指出的："海洋化学成分回复到与前工业化时代相类似的状态，需要数万年的时间。"

海洋生命到底将如何应对海洋化学成分的这种变化，目前尚不清楚。但迄今为止搜集到的实验性证据已经非常惊人。大部分长壳或拥有石灰质骨骼（比如珊瑚）的海洋生物都是由碳酸钙（$CaCO_3$）构成的。海洋碳酸量的增加减少了可用的碳酸盐离子，使得这些生物建构自身的任务变得越来越困难。（这一过程可以比作一个人拼命想盖房子而另一个人却在不停地偷走砖块。）如果现有的排放量趋势继续发展，据估计，到本世纪中叶，珊瑚的生长将慢到不再能满足以之为食的捕食者的需要。珊瑚将开始消失，反过来又会威胁到依靠其生存的众多海洋生物。

"保守地说，至少有一百万种生物生活在珊瑚中间和周围。"澳大利亚昆士兰大学的珊瑚礁专家古尔德贝格（Ove Hoegh-Guldberg）对我说。"在珊瑚礁周围的物种中，一些有时可以离开珊瑚生存下去。但大多数的物种则完全依靠珊瑚生存。毫不夸张地说，它们在珊瑚周围居住、吃喝和繁殖。关键的问题在于这些物种到底有多脆弱。这是一个非常重要的问题，但现在你必须承认数百万种不同的物种正处于危险之中。"

钙化的生物表现为一系列的形状、大小和分类群。海星这样的棘皮类动物是钙化生物；蛤和牡蛎这样的软体动物、藤壶这样的甲壳类动物和各种苔藓虫或藻苔虫也都是钙化生物。和珊瑚一样，众多的钙化生物很可能因为 pH 值的降低而遭遇到困难。如果碳酸盐水平下降得足够低，海水便具有了腐蚀性，壳就会被逐渐溶解。（想象一下把一支粉笔放进一碗醋中。）这种"欠饱和"状态预计将会首先出现在两极，因为二氧化碳在冷水中溶解得更迅速。气候模型表明,在"一切如常"的状态下,南极洲周围的南大洋将会在本世纪中叶的某个时候变为欠饱和状态。但据澳大利亚科学家最新的研究表明,南大洋变成欠饱和的时间将会提前,估计会在未来的二十年内发生。

正如我们未能充分说出二氧化碳升高的危险,我们也低估了二氧化碳水平升高的速度。全球的碳排放量已经从1990年的每年六千兆吨上升为2007年的八千五百兆吨,上升了将近40%。这一增长速度已经超过了政府间气候变化小组(IPCC)碳密集度最高的预测,使得现有的排放趋势比该小组所预计的最差状况还要糟。这一增长大部分因为中国迅速上升的排放量。据信2008年,中国已经取代美国成为世界第一大二氧化碳生产国,这一时间比预计的提前了近二十年。当然,世界其他大部分地区的排放量也都在增长,其中包括我们美国。与此同时,国际研究组织"全球气候项目"的报告称,与海洋一样,自然的"碳汇"正在日渐失效,这意味着自然作用能从大气中清除掉的废碳的比例正越来越少。

报告指出:"所有这些变化表明,碳循环正在产生更强的气候营力,比原先预想的也更迅速。"

知道了这些信息,我们将如何去做?过去四年里,我和众多努力将自己的知识转化为建设性行动的人们进行了交谈。我去了丹麦的萨姆斯岛(Samsø),和那里的农夫聊天,他们在自家田里装起了风力涡轮机,并把拖拉机装备成用芥籽油发动。(萨姆斯岛是世界上少数几个真正无碳的地方,可以说这里使用的所有能量都来自于风及其他可再生资源。)我去瑞士会见了为名为"两千瓦社会"的合理使用能源倡议设计蓝图的科学家们。我采访了能源节约的领袖人物埃默里·罗文斯(Amory Lovins)和被誉为"绿色工作运动中的马丁·路德·金"的范琼斯(Van Jones)。当我被这些被采访者所鼓舞的时候,可悲地是,我的所见所闻与存在的问题远不相称。(例如,两千瓦社会只是纸上谈兵。)

相比本书初版时,美国人对全球变暖的认识已经加深,寻求解决途径的愿望也变强烈了。然而他们至今对所需付出的努力程度还没有充分的认识。我们很难客观地看待证据而不做出"情势十分悲观"的结论。变化发生的速度以及对古气候纪录日益精确的分析,都促使许多专家不仅只得出我们正奔向"危险的人为干扰"的临界点的结论,而是得出了我们已然跨入了这道门槛的结论。在2008年秋天发表的文章中,戈达德空间科学研究所的詹姆斯·汉森发出警告,"如果人类还希望将地球维持在文明发展时的相似状态",现有的二氧化碳水平(大约385ppm)已然太高。他写道,"这些水平需要降低……最多350ppm,当然最好更低"。奥巴马总统的最高科学顾问、哈佛大学物理学家约翰·霍德伦(John Holdren)说:"最新的证据显示,文明社会已经导致气候系统中的危险的人为干扰。"

正如在本书写作时及出版后许多善意的人们向我指出的那样,光是绝望于事无补。我对这些出于实用目的、主张人们充满希望的人士的立场十分理解——在某种程度上也很同意。然而,我们如何感知气候变化最终都将是不相干的。全球变暖必将对我们、我们的孩子以及一代代地球上的生命产生巨大的影响。我们也许能对付这个问题,也许不能。但无论如何,我们都负有重大的责任。

马萨诸塞州,威廉姆斯镇
2009年1月

年　　表

1769：　詹姆斯·瓦特(James Watt)取得了蒸汽机的专利权。
大气中的二氧化碳水平为 280ppm。

1859：　约翰·丁铎尔(John Tyndall)造了世界上第一个比例分光
光度计,可以测试大气中各种气体的吸收性能。

1895：　斯万特·阿列纽斯(Svante Arrhenius)完成了对变化的二
氧化碳水平的计算。
大气中的二氧化碳水平为 290ppm。

1928：　含氯氟烃被发现。

1958：　二氧化碳测量仪被安装在莫纳罗亚天文台。

1959：　二氧化碳水平处于 315ppm。

1970：　保罗·克鲁岑(Paul Crutzen)警告:人类活动可能破坏臭

氧层。

1979：美国国家科学院发布了自己第一个有关全球变暖的报告："在二氧化碳的负载大到明显的气候变化已不可避免之前，人们可能不会得到任何警告。"
二氧化碳水平达到了337ppm。

1987：《蒙特利尔议定书》通过。含氯氟烃的逐步禁用开始。

1988：世界气象组织和联合国环境规划署建立了政府间气候变化小组。

1992：乔治·布什（George H. W. Bush）总统在里约热内卢签署了《联合国气候变化框架公约》。美国参议院全票通过了该框架公约。
二氧化碳水平达到了356ppm。

1995：政府间气候变化小组发布第二份评估报告："通过权衡正反两方面的证据表明，人类对全球气候的影响清晰可辨。"

1997：《京都议定书》起草。

1998：这一年的全球平均温度为历史最高。

2000：总统候选人小布什（George W. Bush）称全球变暖是一个"我们必须严肃对待的议题"。

二氧化碳水平为 369ppm。

2001: 政府间气候变化小组发布第三份评估报告："过去五十年间观察到的气候变暖大部分可归因于人类活动。"

布什总统要求美国国家研究委员会撰写的报告说："温室气体在地球大气中的积聚是人类活动的结果，导致地表大气温度和海洋表层温度上升。温度确实在上升。"

布什总统宣布，美国撤出《京都议定书》。

温度之高为历史第三。

2002: 拉森 B 冰架坍塌。

温度之高为历史第二，与 2003 年不分伯仲。

2003: 环境与公共事务委员会主席参议员詹姆斯·英霍夫（James Inhofe）说，他有"令人信服的证据表明，灾难性的全球变暖其实是一个骗局"。

美国地球物理协会发布共识声明宣称："自然影响无法解释全球表层温度的迅速升高。"

二氧化碳水平达到了 375ppm。

2004: 俄罗斯正式批准《京都议定书》。

温度之高为历史第四。

2005: 格陵兰冰原的融化面积达到历史最高点。

北冰洋海冰减少至历史最低；研究者们警告，"远远早于本世纪末之前"，夏季可能会不再出现海冰。

《京都议定书》生效。

八大工业化国家的国家科学院发表联合声明:"气候变化的科学解释现已充分证明,各国必须迅速行动起来。"

大西洋飓风季创下了五级风暴数量的历史纪录。

据统计,全球平均温度与 1998 年持平。

2006: 二氧化碳水平达到了381ppm。年增长为接近纪录的2.53ppm。

研究者们报告,从 1996 年以来,格陵兰的冰损失已经翻倍。

致　谢

　　众多大忙人慷慨地付出时间和专业知识，使本书的写作变得可能。他们中许多人的名字，我已经在前文中提及，但还有很多，我未能说到。

　　我想感谢 Tony Weyiouanna, Vladimir Romanovsky, Glenn Juday, Larry Hinzman, Terry Chapin, Donald Perovich, Jacqueline Richter-Menge, John Weatherly, Gunter Weller, Deborah Williams, Konrad Steffen, Russell Huff, Nicolas Cullen, Jay Zwally, Oddur Sigurdsson 和 Kobert Correll 等人在写作北极一章时给予我的帮助。

　　同样，我也要感谢 Chris Thomas, Jane Hill, William Bradshaw 和 Christina Holzapfel 对进化生物学的详细解说；感谢 James Hansen, David Rind, Gavin Schmidt 和 Drew Shindell 对气候建模的讲解；感谢 Harvey Weiss 和 Peter deMenocal 与我分享他们有关古文明的研究。在我访问荷兰期间，Pieter van Geel, Pier Vellinga, Wim van der Weegen, Chris Zevenbergen, Dick van Gooswilligen, Jos Hermsen, Hendrik Dek 和 Eelke Turkstra 给予了我亲切的接待。Robert Socolow, Stephen Pacala, Marry Hoffert, David Hawkins, Barbara Finamore 和 Jingjing Qian 花了大量时间跟我讨论减缓全球变暖的策略。参议员 John McCain，前副总统 Al Gore, Annie Petsonk, James Mahoney 和副

国务卿 Paula Dobriansky 则帮助我了解全球变暖的国家政治。Pete Clavelle 市长非常友好地带我参观了伯林顿。Michael Oppenheimer, Richard Alley, Daniel Schrag 和 Andrew Weaver 总是乐意并且能够回答完最后一个问题。

本书最初是发表在《纽约客》杂志上的一系列短文。我非常感谢 David Remnick 鼓励(事实上强迫)我去写这些文章。我还要感谢 Dorothy Wickenden 和 John Bennet,两位为我提供了许多有价值的意见。一直以来, Michael Specter 为我出谋划策,给我鼓励;Louisa Thomas 在调查研究方面慷慨而又能干, 给了我不少帮助;Elizabeth Pearson-Griffiths 和 Maureen Klier 对许多章节进行了编辑修改;Marisa Pagano 在插图方面帮助了我。我还要感谢 Greg Villepique 和 Yelena Gitlin 为本书面世所做的工作。

Gillian Blake 和 Kathy Robbins 指导这一项目直至完成。我感谢他们二人的洞见和支持。

最后,我想感谢我的丈夫 John Kleiner,他在各方面帮助我。没有他独具的乐观,这本书连一个字也写不出来。

主要书目和注释

这本书的信息来源除了一些访谈和部分范围极广的气候科学文献，我还参考了大量的个人报告、论文和早期著作。我把其中的一部分列在下面。

第一章: 阿拉斯加的希什马廖夫村

由美国陆军工程兵团承担的研究——"希什马廖夫搬迁与安置研究：各备选方案的初步预算"(Shishmaref Relocation and Collocation Study: Preliminary Costs of Alternatives, 2004 年 12 月)提供了有关设想中的村庄搬迁的详细信息。

查尼报告(Charney Report)的官方标题是《二氧化碳及气候问题特别研究小组的报告：提交国家科学院的科学评估》(Report of an Ad Hoc Study Group on Carbon Dioxide and Climate: A Scientific Assessment to the National Academy of Sciences), Washington, D.C.: National Academy of Sciences, 1979。

过去两千年的全球温度数据引自 Michael E. Mann 和 Philip D. Jones 的《过去两千年的全球地表温度》(Global Surface Temperatures over the Past

Two Millennia），《地球物理研究快报》（*Geophysical Research Letters*），vol. 30，no.15（2003）。

斯图达伦沼泽释放的甲烷数据引自 Torben R. Christensen 等的《融化副极地的永冻土：对植被和甲烷排放量的影响》（Thawing Sub-Arctic Permafrost: Effects on Vegetation and Methane Emissions），《地球物理研究快报》（*Geophysical Research Letters*），vol.31，no.4（2004）。

有关 Des Groseilliers 号考察团的叙述参见 D. K. Perovich 等的《冰上之年的气候启示》（Year on Ice Gives Climate Insights），*Eos*（美国地球物理协会的会刊），vol.80，no.481（1999）。

北极海冰变薄的数据引自 D. A. Rothrock 等的《北极海冰覆盖的变薄》（Thinning of the Arctic Sea-Ice Cover），《地球物理研究快报》（*Geophysical Research Letters*），vol.26，no.23（1999）。

对冰期轨道变化和时间测定的讨论参见 John Imbrie 和 Katherine Palmer Imbrie 的《冰期:解开谜团》（修订版）（*Ice Ages: Solving the Mystery*，revised edition，Cambridge，MA: Harvard University Press，1986）。

第二章 变暖的天气

有关全球变暖的有用入门读物是 John Houghton 的《全球变暖:完整简介》（第三版）（*Global Warming: The Complete Briefing*，Cambridge: Cambridge University Press，2004）。

全球变暖的历史参见 Spencer R. Weart 的《发现全球变暖》（*The Discovery of Global Warming*，Cambridge，MA: Harvard University Press，2003）；Gale E. Christianson 的《温室:全球变暖两百年》（*Greenhouse: The 200-Year Story of Global Warming*，New York: Walker and Company，1999）。

丁铎尔气候变化研究中心（Tyndall Centre for Climate Change Research）在网站上提供了同名人物的详细传记，参见 http://www.tyndall.ac.uk。

丁铎尔的妻子回忆的他的临终遗言，参见 Mark Bowen 的《薄冰》（*Thin Ice*, New York: Henry Holt, 2005）。

Svante Arrhenius 对二氧化碳下更舒适生活的预言请参见《制造中的世界：宇宙的进化》（*Worlds in the Making: The Evolution of the Universe*, New York: Harper, 1908）。

Charles David Keeling 在《监测地球的赏罚》（Rewards and Penalties of Monitoring the Earth）一文中写到他对测量二氧化碳的"兴趣"，《能量与环境年评》（*Annual Review of Energy and the Environment*）, vol.23 (1998)。

第三章 冰川之下

有关对格陵兰冰雪认识的精彩叙述，可参见 Richard B. Alley 的《两英里时间机器：冰芯，急剧的气候变化，以及我们的未来》（*The Two-Mile Time Machine: Ice Cores, Abrupt Climate Change, and Our Future*, Princeton: Princeton University Press, 2000）。

有关格陵兰冰原加速融化的数据，可参见 H. Jay Zwally 等的《表面融化导致了格陵兰冰原流动速度的加快》（Surface Melt-Induced Acceleration of Greenland Ice-Sheet Flow），《科学》（*Science*）, vol.297 (2002)。

雅各布港冰川加速的数据，可参见 W. Abdalati 等的《格陵兰岛雅各布港冰川的速度大波动》（Large Fluctuations in Speed on Greenland's Jakobshavn Isbrae Glacier），《自然》（*Nature*）, vol.432 (2004)。

James E. Hansen 对格陵兰冰原未来的描述，请见他的文章《滑坡：全球变暖在多大程度上构成了"危险的人为干预"？》(A Slippery Slope: How Much Global Warming Constitutes 'Dangerous Anthropogenic Interference'?)，《气候变化》(Climatic Change)，vol.68 (2005)。

对突如其来的气候变化的全面讨论请见《突如其来的气候变化：不可避免的惊诧》(Abrupt Climate Change: Inevitable Surprises)，National Research Council Committee on Abrupt Climate Change，Washington，D.C.: National Academies Press (2002)。

对 Wallace Broecker 的引证，参见他的文章《热盐环流，气候系统的阿喀琉斯脚踵：人为的二氧化碳排放会打破现有的平衡吗？》(Thermohaline Circulation，the Achilles' Heel of Our Climate System: Will Man-Made CO_2 Upset the Current Balance?)，《科学》(Science)， vol.278 (1997)。

小冰期对格陵兰的影响，请见 H. H. Lamb 的《气候，历史和现代世界》(第二版)(Climate，History and the Modern World，second edition，New York: Routledge，1995)。

有关北极气候影响评估的大量发现的总结，请参见《北极变暖的影响：北极气候影响评估》(Impacts of a Warming Arctic: Arctic Climate Impact Assessment，Cambridge: Cambridge University Press，2004)。

第四章 蝴蝶和蟾蜍

有关英国蝴蝶习性和分布地最完备最新的材料，请参见 Jim Asher 等的《英国与爱尔兰蝴蝶的千年地图集》(The Millennium Atlas of Butterflies in Britain and Ireland，Oxford: Oxford University Press，2001)。

有关维多利亚时代对蝴蝶的热爱情况，可参见 Michael A. Salmon 的《蝴蝶研究者的遗产：英国蝴蝶及其收藏者》(The Aurelian Legacy: British

Butterflies and Their Collectors, Berkeley: University of California Press, 2000）。

　　欧洲蝴蝶分布范围的变化，请参见 Camille Parmesan 等的《与地区变暖相关，蝴蝶分布范围的北移》(Poleward Shifts in Geographical Ranges of Butterfly Species Associated with Regional Warming)，《自然》(*Nature*)，vol. 399 (1999)。

　　有关纽约州北部青蛙交配习惯的信息，请参见 J. Gibbs 和 A. Breisch 的《气候变化和纽约州伊萨卡附近青蛙鸣叫的物候学，1900—1999》(Climate Warming and Calling Phenology of Frogs near Ithaca, New York, 1900—1999)，《保护生物学》(*Conservation Biology*)，vol.15 (2001)；阿诺德树木园开花期信息请参见 Daniel Primack 等的文章《植物标本样品证明波士顿气候变暖导致花期提前》(Herbarium Specimens Demonstrate Earlier Flowering Times in Response to Warming in Boston)，《美国植物学杂志》(*American Journal of Botany*)，vol.91(2004)；哥斯达黎加鸟类的信息参见 J. Alan Pounds 等的文章《热带山脉上对气候变化的生物学反应》(Biological Response to Climate Change on a Tropical Mountain)，《自然》(*Nature*)，vol.398(1999)；阿尔卑斯山植物的信息可参见 Georg Grabherr 等的文章《气候对山脉植被的影响》(Climate Effects on Mountain Plants)，《自然》(*Nature*)，vol.368(1994)；伊迪思格斑蝶的情况可参见 Camille Parmesan 的《气候与物种分布范围》(Climate and Species Range)，《自然》(*Nature*)，vol.382 (1996)。

　　有关气候变暖的生物学影响，一本有用的参考书是 Thomas E. Lovejoy 和 Lee Hannah 编的《气候变化与生物多样性》(*Climate Change and Biodiversity*, New Haven: Yale University Press, 2005)。

　　William Bradshaw 在《自然》杂志上发表了他关于不同海拔北美瓶草蚊的研究，vol.262 (1976)。气候变化对进化的影响，参见 William E. Bradshaw 和 Christina M. Holzapfel 合撰的《与全球变暖相关，光周期的基

因 转 移 》(Genetic Shift in Photoperiod Response Correlated with Global Warming),《美国国家科学院院报》(*Proceedings of the National Academy of Sciences*),vol.98 (2001)。

Jay Savage 对发现金蟾蜍过程的描述和对蒙特维多雾林生态环境的全面描述,可参见 Nalini M. Nadkarni 和 Nathaniel T. Wheelwright 编的《蒙特维多雾林:热带雾林的生态与保护》(*Monteverde: Ecology and Conservation of a Tropical Cloud Forest*,New York: Oxford University Press,2000)。金蟾蜍生命周期参见 Jay M. Savage 的《哥斯达黎加的两栖动物与爬行动物:两大洲和两大洋之间的爬行类区系》(*The Amphibians and Reptiles of Costa Rica: A Herpetofauna Between Two Continents, Between Two Seas*,Chicago: University of Chicago Press,2002)。

金蟾蜍的死亡与降水量之间的关系,参见 J. Alan Pounds 等的文章《热带山脉上对气候变化的生物学反应》(Biological Response to Climate Change on a Tropical Mountain),《自然》(*Nature*),vol.398 (1999)。为雾林建立模型的努力细节见 Christopher J. Still 等的《模拟气候变化对热带山区雾林的影响》(Simulating the Effects of Climate Change on Tropical Montane Cloud Forests),《自然》(*Nature*),vol.398 (1999)。

引用 G. Russell Coope 的话见其文章《新生代晚期甲虫类的古气候学意义:陌生环境下的类似物种》(The Palaeoclimatological Significance of Late Cenozoic Coleoptera: Familiar Species in Very Unfamiliar Circumstances),见 Stephen J. Culver 和 Peter F. Rawson 编《生物对全球变化的反应:过去的一亿四千五百万年》(*Biotic Response to Global Change: The Last 145 Million Years*,Cambridge: Cambridge University Press,2000)。

潜在的生物灭绝的数据引自 C. D. Thomas 等的文章《气候变化带来的灭绝危险》(Extinction Risk from Climate Change),《自然》(*Nature*),vol. 427 (2004)。

第五章 阿卡德诅咒

对阿卡德文明的介绍请见 Marc Van De Mieroop 的《近东古代史》(*A History of the Ancient Near East*, Malden, MA: Blackwell Publishing, 2004)。

有关阿卡德诅咒的诗句,请参见 Jerrold S. Cooper 的《阿卡德诅咒》(*The Curse of Agade*, Baltimore: The Johns Hopkins University Press, 1983)。

对莱兰丘的仔细描述请见 Harvey Weiss《牛津近东考古百科全书》(*The Oxford Encyclopedia of Archaeology in the Near East*)的相关章节, vol.3, Eric M. Meyers 编(Oxford: Oxford University Press, 1997)。气候变化第一次被看成是废弃莱兰丘的原因,请见 Harvey Weiss 等撰写的文章《第三个千年北美索不达米亚文明的诞生和崩溃》(The Genesis and Collapse of Third Millennium North Mesopotamian Civilization),《科学》(*Science*), vol. 261 (1993)。

对气候变化和社会崩溃之间联系的概括,可见 Peter B. deMenocal 的《全新世晚期对气候变化的文化回应》(Cultural Responses to Climate Change During the Late Holocene),《科学》(*Science*), vol.292 (2001)。

有关美国科学家在 Chichancanab 湖的发现,参见 David Hodell 等《气候在玛雅文明的崩溃中可能扮演的角色》(Possible Role of Climate in the Collapse of Classic Maya Civilization),《自然》(*Nature*), vol.375 (1995)。研究者在委内瑞拉海岸的发现,可参见 Gerald Haug 等的《气候与玛雅文明的崩溃》(Climate and the Collapse of Mayan Civilization),《科学》(*Science*), vol. 299 (2003)。对干旱和玛雅文明的仔细讨论,参见 Richardson B. Gill《玛雅大干旱:水、生命和死亡》(*The Great Maya Droughts: Water, Life, and Death*, Albuquerque: University of New Mexico Press, 2001)。

James Hansen 谈及被温室气体导致的全球变暖"迷住",是在如下讲演中。《危险的人为干预:有关人类浮士德式的气候交易和即将到期的赔偿》(Dangerous Anthropogenic Interference: A Discussion of Humanity's Faustian Climate Bargain and the Payments Coming Due),发表于爱荷华大学,October 26, 2004。

有关气候变暖引发美国水资源短缺的预言见 David Rind 等的文章《潜在蒸散作用和未来干旱的可能性》(Potential Evapotranspiration and the Likelihood of Future Drought),《地球物理研究杂志》(*Journal of Geophysical Research*),vol.95,(1990)。

Peter deMenocal 对气候变化和人类进化之间关系的探讨见《上新世更新世非洲气候变化和动物区系进化》(African Climate Change and Faunal Evolution During the Pliocene-Pleistocene),《地球与行星科学通讯》(*Earth and Planetary Science Letters*),vol.220 (2004)。

有关从阿曼湾沉积物中找到莱兰丘干旱的证据一事,请见 Heidi Cullen 等的《气候变化与阿卡德王国的崩溃:深海的证据》(Climate Change and Collapse of the Akkadian Empire: Evidence from the Deep Sea),《地质学》(*Geology*),vol.28 (2000)。

有关气候变化与哈拉帕文化崩溃之间的关联,请见 M. Staubwasser 等的《4200 年前印度河谷文明终结时的气候变化和全新世南亚季风的变化》(Climate Change at the 4.2 Ka BP Termination of the Indus Valley Civilization and Holocene South Asian Monsoon Variability),《地球物理研究快报》(*Geophysical Research Letters*),vol.30,no.8 (2003)。

第六章 漂浮的房子

荷兰水利系统的数据引自荷兰交通运输、公共工程和水利部编的

《荷兰的水：2004—2005》(*Water in the Netherlands: 2004—2005*, The Hague, 2004)。

海平面上升的数据来自政府间气候变化小组编写的《2001年的气候变化：科学依据》(*Climate Change 2001: The Scientific Basis*, J. T. Houghton 等编, Cambridge: Cambridge University Press, 2001)。

有关英国政府委任的洪水研究，请参见 David A. King《气候变化的科学：适应、节制、还是忽略？》(Climate Change Science: Adapt, Mitigate, or Ignore?),《科学》(*Science*), vol.303 (2004)。

对东方站冰芯的详细分析见 Jean Robert Petit 等的《从南极洲东方站冰芯看过去四十二万年的气候与大气历史》(Climate and Atmospheric History of the Past 420,000 Years from the Vostok Ice Core, Antarctica),《自然》(*Nature*), vol.399 (1999)。

有关"危险的人为干扰"的临界值的讨论可见 Brian C. O'Neill 和 Michael Oppenheimer 的文章《危险的气候影响和〈京都议定书〉》(Dangerous Climate Impacts and the Kyoto Protocol),《科学》(*Science*), vol.296 (2002)；James Hansen 的《滑坡：全球变暖在多大程度上构成了"危险的人为干预"？》,《气候变化》(*Climatic Change*), vol.68 (2005)。

第七章 一切如常

美国环境保护署网上提供的"个人碳排放量计算器"请见：http://yosemite.epa.gov/oar/globalwarming.nsf/content/ResourceCenterToolsGHGCalculator.html

Stephen Pacala 和 Kobert Socolow 提出"楔形"计划的文章是《稳定楔：以现有技术解决未来五十年的气候问题》(Stabilization Wedges: Solving the

Climate Problem for the Next 50 Years with Current Technologies),《科学》(*Science*), vol.305 (2004)。

有关美国汽车的热效率，参考《轻型汽车技术和燃料经济趋势》(Light-Duty Automotive Technology and Fuel Economy Trends), Advanced Technology Division, Office of Transportation and Air Quality, U.S. Environmental Protection Agency, July 2005。

以能源新技术稳定二氧化碳水平的需要，见 Martin Hoffert 等撰写的《保持全球气候稳定性的先进技术路径：温室星球的能源》(Advanced Technology Paths to Global Climate Stability: Energy for a Greenhouse Planet),《科学》(*Science*), vol.298 (2002); 也可参见 Hoffert 等撰写的《对未来大气二氧化碳含量稳定的能源启示》(Energy Implications of Future Stabilization of Atmospheric CO_2 Content),《自然》(*Nature*), vol.395 (1998)。Martin Hoffert 和 Seth Potter 对太空太阳能的探讨，请见《发射下来：新卫星是如何为世界提供动力的》(Beam It Down: How the New Satellites Can Power the World),《技术评论》(*Technology Review*), October 1, 1997。

第八章 京都之后

美国前财政部长 Paul O'Neill 对副总统 Dick Cheney 的想法，请见 Ron Suskind 的《忠诚的代价：乔治·布什、白宫和保罗·奥尼尔的教育》(*The Price of Loyalty: George W. Bush, the White House, and the Education of Paul O'Neill*, New York: Simon & Schuster, 2004)。

有关全球变暖的高度共识请见 Naomi Oreskes 的公文《气候变化的科学共识》(The Scientific Consensus on Climate Change),《科学》(*Science*), vol. 306 (2004)。

有关布什政府对气候科学的编辑，由 Andrew C. Revkin 揭露于《布什助手编辑了气候报告》(Bush Aide Edited Climate Reports),《纽约时报》(*New York Times*),June 8,2005。

布什政府瓦解 2005 年八国峰会联合行动建议的行为，请参见 Juliet Eilpefin 的《美国的压力削弱了八国集团的气候计划》(U.S. Pressure Weakens G8 Climate Plan),《华盛顿邮报》(*Washington Post*),June 17,2005。

第十章 人类世的人类

Paul J. Crutzen 描述人类世开端和使世界避免灾难性的臭氧损失的"幸运"，可参见《人类地质学》(Geology of Mankind),《自然》(*Nature*),vol. 415 (2002)。

Sherwood Rowland 描述他对自己发现的反应,见 Heather Newbold 编,《生活故事：世界著名科学家对自己生活及未来地球生活的思考》(*Life Stories: World-Renowned Scientists Reflect on Their Lives and the Future of Life on Earth*, Berkeley: University of California Press,2000)。

"臭氧洞"的发现请见 Stephen O. Anderson 和 K. Madhava Sarma《保护臭氧层：联合国历史》(*Protecting the Ozone Layer: The United Nations History*, London/Sterling,VA: Earthscan Publications,2002)。

有关还需变暖到什么程度才会将地球带进新的平衡，请见 James Hansen 等的《地球能量失衡：证实与启示》(Earth's Energy Imbalance: Confirmation and Implications),《科学》(*Science*),vol.308 (2005)。

后　记

气候模型对飓风强度的预报请见 Thomas R. Knutson 和 Robert E.

Tuleya 的《二氧化碳导致的变暖对飓风强度和降雨量的影响：气候模型选择和对流参数化的敏感性》(Impact of CO_2-Induced Warming on Simulated Hurricane Intensity and Precipitation: Sensitivity to the Choice of Climate Model and Convective Parameterization)，《气候杂志》(*Journal of Climate*)，vol.17，no.18 (2004)。

Kerry Emanuel 在这篇文章中报告了自己的发现：《过去三十年热带风暴危险性的提高》(Increasing Destructiveness of Tropical Cyclones over the Past 30 Years)，《自然》(*Nature*)，vol.436 (2005)。

佐治亚理工学院的小组在下文中报道过自己的发现，请见 P. J. Webster 等的《变暖环境中热带气旋数量、持续时间和强度变化》(Changes in Tropical Cyclone Number, Duration, and Intensity in a Warming Environment)，《科学》(*Science*)，vol.309 (2005)。

二氧化碳水平升高对海洋生物的影响，请参见 James C. Orr 等的《21世纪人为的海洋酸化及其对钙化生物的影响》(Anthropogenic Ocean Acidification over the Twenty-first Century and Its Impact on Calcifying Organisms)，《自然》(*Nature*)，vol.437 (2005)。

格陵兰冰损失加倍，请见 Eric Rignot 和 Pannir Kanagaratnam 的《格陵兰冰原速度结构的变化》(Changes in the Velocity Structure of the Greenland Ice Sheet)，《科学》(*Science*)，vol.311 (2006)。

卫星对南极冰损失的测量，请见 Isabella Velicogna 和 John Wahr 的《时间变量的地心引力测量显示了南极洲海冰的大量损失》(Measurements of Time-Variable Gravity Show Mass Loss in Antarctica)，《科学快报》(*Science Express*)，March 2，2006。

布什政府审查 James Hansen 的行为，请见 Andrew C. Revkin 的《气候

专家说美国航空航天局试图使他沉默》(Climate Expert Says NASA Tried to Silence Him),《纽约时报》(*New York Times*), January 29, 2006。

布什与 Michael Crichton 的会见，请见 Fred Barnes 的《叛逆领袖：乔治·W.布什大胆而有争议的总统任期》(*Rebel-in-Chief：Inside the Bold and Controversial Presidency of George W. Bush*, New York: Crown Forum, 2006)。

戈尔称自己对美国对气候变化的反应表示"乐观"，是在广播节目《新鲜空气》中(*Fresh Air*, National Public Radio, May 30, 2006)。

资　　源

美国有成百上千个致力于抑制温室气体排放的组织，地区级的、州一级的、国家级的都有。很多组织都在网站上提供了个人如何降低自身"碳足迹"（carbon footprints）的信息。有些组织则为大众提供了这方面最新的科学和政治新闻。

气候保护城市运动（The Cities for Climate Protection Campaign）向致力于减少排放的地方政府提供帮助。有关这一运动的信息请参见 www.iclei.org.

致力于抑制全球变暖的宗教组织包括：

全国环境宗教联盟（The National Religious Partnership for the Environment）：www.npre.org

环境与犹太人生活联盟（The Coalition on the Environment and Jewish Life）：www.coejl.org

福音派环境网（Evangelical Environmental Network）：www. creationcare.org.

再生项目：www.theregenerationproject.org

皮尤气候变化中心（The Pew Center on Climate Change）则与商业和政党领袖合作：www.pewclimate.org.

众多地区性组织也正致力于减排。它们包括：

气候解决方案（Climate Solutions）：www.climatesolutions.org

南方清洁能源联盟（The Southern Alliance for Clean Energy）：www.cleanenergy.org

新英格兰气候联盟（The New England Climate Coalition）：www.newenglandclimate.org

落基山脉气候组织（The Rocky Mountain Climate Organization）：www.rockymountainclimate.org

新闻、能源节约建议和"碳计算器"可参见这个网站：www.stopglobalwarming.org

真实气候网站则登载了对首席科学家们的最新气候研究的解释和评论：www.realclimate.org。更多的气候科学新闻可参见 www.giss.nasa.gov。

全国环境信托基金（The National Environmental Trust）则跟踪全球变暖在立法方面的最新进展：www.net.org。

许多环境组织在自己的网站上刊登了有关全球变暖的信息。包括：

自然资源保护委员会（Natural Resources Defense Council）：www.nrdc.org

环境保护基金（Environmental Defense）：www.environmentaldefense.org

绿色和平组织(Greenpeace)：www.greenpeace.org

山峦俱乐部(The Sierra Club)：www.sierraclub.org

地球之友(Friends of the Earth)：www.foe.org

科学家关怀联盟(The Union of Concerned Scientists)：www.ucsusa.org

美国节能经济委员会(The American Council for an Energy-Efficient Economy)提供了有关节能设备的详细信息，涉及洗碗机、冰箱和空调系统：www.aceee.org。这一组织还在网站 www.greenercars.com 上出版了一部汽车指南。

如果你有兴趣在自己家中或企业里安装太阳能电池板，那么，www.findsolar.com 可以帮助在你的所在地找到一家获得许可的安装商。

许多供电部门向顾客提供对其家庭的能源评估。也有一些供电部门对购买节能产品的人予以部分折扣，并为顾客提供购买"绿色"能源的机会(通常价格较高)。你可以与你当地的供电部门联系。

索　引

人文与社会译丛

第一批书目

1. 《政治自由主义》(增订版),[美]J.罗尔斯著,万俊人译　　48.00元
2. 《文化的解释》,[美]C.格尔茨著,韩莉译　　24.50元
3. 《技术与时间:爱比米修斯的过失》,[法]B.斯蒂格勒著,裴程译

　　16.60元
4. 《依附性积累与不发达》,[德]A.G.弗兰克著,高铦等译　　13.60元
5. 《身处欧美的波兰农民》,[波]F.兹纳涅茨基、

[美]W.I.托马斯著,张友云译　　9.20元
6. 《现代性的后果》,[英]A.吉登斯著,田禾译　　22.00元
7. 《消费文化与后现代主义》,[美]M.费瑟斯通著,刘精明译　14.20元
8. 《英国工人阶级的形成》(上、下册),[英]E.P.汤普森著,

钱乘旦等译　　54.50元
9. 《知识人的社会角色》,[波]F.兹纳涅茨基著,郏斌祥译　　11.50元

第二批书目

10. 《文化生产:媒体与都市艺术》,[美]D.克兰著,赵国新译　12.50元
11. 《现代社会中的法律》,[美]R.M.昂格尔著,吴玉章等译　16.50元
12. 《后形而上学思想》,[德]J.哈贝马斯著,曹卫东等译　　15.00元
13. 《自由主义与正义的局限》,[美]M.桑德尔著,万俊人等译　30.00元

14.《临床医学的诞生》，[法]M.福柯著，刘北成译　　　　　25.00元

15.《农民的道义经济学》，[英]J.C.斯科特著，程立显等译　15.80元

16.《俄国思想家》，[英]I.伯林著，彭淮栋译　　　　　　　35.00元

17.《自我的根源：现代认同的形成》，[加]C.泰勒著，韩震等译

　　　　　　　　　　　　　　　　　　　　　　　　　34.50元

18.《霍布斯的政治哲学》，[美]L.施特劳斯著，申彤译　　11.80元

19.《现代性与大屠杀》，[英]Z.鲍曼著，杨渝东等译　　　28.00元

第三批书目

20.《新功能主义及其后》，[英]J.亚历山大著，彭牧等译　15.80元

21.《自由史论》，[英]J.阿克顿著，胡传胜等译　　　　　　27.00元

22.《伯林谈话录》，[英]L.贾汉贝格鲁等著，杨祯钦译　　23.00元

23.《阶级斗争》，[法]R.阿隆著，周以光译　　　　　　　13.50元

24.《正义诸领域：为多元主义与平等一辩》，[美]M.沃尔泽著，

　　褚松燕等译　　　　　　　　　　　　　　　　　　24.80元

25.《大萧条的孩子们》，[美]G.埃尔德著，田禾等译　　　27.30元

26.《黑格尔》，[加]C.泰勒著，张国清等译　　　　　　　43.00元

27.《反潮流》，[英]I.伯林著，冯克利译　　　　　　　　48.00元

28.《统治阶级》，[意]G.莫斯卡著，贾鹤鹏译　　　　　　30.80元

29.《现代性的哲学话语》，[德]J.哈贝马斯著，曹卫东等译　36.00元

第四批书目

30.《自由论》(修订版)，[英]I.伯林著，胡传胜译　　　　38.00元

31.《保守主义》，[德]K.曼海姆著，李朝晖、牟建君译　　16.00元

32.《科学的反革命》(修订版)，[英]F.哈耶克著，冯克利译　28.00元

33.《实践感》，[法]P.布迪厄著，蒋梓骅译　　　　　　22.60元

34.《风险社会》，[德]U.贝克著，何博闻译　　　　　　17.70元

35.《社会行动的结构》，[美]T.帕森斯著，彭刚等译　　43.50元

36.《个体的社会》，[德]N.埃利亚斯著，翟三江、陆兴华译　15.30元

37.《传统的发明》，[英]E.霍布斯鲍姆等著，顾杭、庞冠群译　21.20元

38.《关于马基雅维里的思考》，[美]L.施特劳斯著，申彤译　25.00元

39.《追寻美德》，[美]A.麦金太尔著，宋继杰译　　　　35.00元

第五批书目

40.《现实感》，[英]I.伯林著，潘荣荣、林茂译　　　　30.00元

41.《启蒙的时代》，[英]I.伯林著，孙尚扬、杨深译　　17.00元

42.《元史学》，[美]H.怀特著，陈新译　　　　　　　33.50元

43.《意识形态与现代文化》，[英]J.B.汤普森著，高铦等译　24.50元

44.《美国大城市的死与生》，[加]J.雅各布斯著，金衡山译　29.50元

45.《社会理论和社会结构》，[美]R.K.默顿著，唐少杰等译　48.00元

46.《黑皮肤，白面具》，[法]F.法农著，万冰译　　　　14.00元

47.《德国的历史观》，[美]G.伊格尔斯著，彭刚、顾杭译　29.50元

48.《全世界受苦的人》，[法]F.法农著，万冰译　　　　17.80元

49.《知识分子的鸦片》，[法]R.阿隆著，吕一民、顾杭译　20.50元

第六批书目

50.《驯化君主》，[美]H.C.曼斯菲尔德著，冯克利译　　28.00元

51.《黑格尔导读》，[法]A.科耶夫著，姜志辉译　　　　45.00元

52.《象征交换与死亡》，[法]J.波德里亚著，车槿山译　24.50元

53.《自由及其背叛》，[英]I.伯林著，赵国新译　　　　25.00元

54.《启蒙的三个批评者》,[英]I.伯林著,马寅卯译(即出)

55.《运动中的力量》,[美]S.塔罗著,吴庆宏译   23.50 元

56.《斗争的动力》,[美]D.麦克亚当、S.塔罗、C.蒂利著,李义中等译

                                       31.50 元

57.《善的脆弱性》,[美]M.纳斯鲍姆著,徐向东、陆萌译   55.00 元

58.《弱者的武器》,[美]J.C.斯科特著,郑广怀等译   42.00 元

59.《图绘》,[美]S.弗里德曼著,赵国新译(即出)

第七批书目

60.《现代悲剧》,[英]R.威廉斯著,丁尔苏译   18.00 元

61.《论革命》,[美]H.阿伦特著,陈周旺译   25.00 元

62.《美国精神的封闭》,[美]A.布卢姆著,战旭英译,冯克利校 35.00 元

63.《浪漫主义的根源》,[英]I.伯林著,吕梁等译   28.00 元

64.《扭曲的人性之材》,[英]I.伯林著,岳秀坤译   22.00 元

65.《民族主义思想与殖民地世界》,[美]P.查特吉著,范慕尤、杨曦译

                                       18.00 元

66.《现代性社会学》,[法]D.马图切利著,姜志辉译   32.00 元

67.《社会政治理论的重构》,[英]R.伯恩斯坦著,黄瑞祺译   25.00 元

68.《以色列与启示》,[德]E.沃格林著,霍伟岸、叶颖译   48.00 元

69.《城邦的世界》,[德]E.沃格林著,陈周旺译   36.00 元

70.《历史主义的兴起》,[德]F.梅尼克著,陆月宏译   48.00 元

第八批书目

71.《环境与历史》,[英]W.贝纳特,P.科茨著,包茂红译   25.00 元

72.《人类与自然世界》,[英]K.托马斯著,宋丽丽译   35.00 元

73.《卢梭问题》,[德]E. 卡西勒著,王春华译　　　　　　15.00 元

74.《男性气概》,[美]H. C. 曼斯菲尔德著,刘玮译　　　　28.00 元

75.《战争与和平的权利》,[美]R. 塔克著,罗炯等译　　　25.00 元

76.《谁统治美国》,[美]W. 多姆霍夫著,吕鹏、闻翔译　　35.00 元

77.《健康与社会》,[法]M. 德吕勒著,王鲲译　　　　　　35.00 元

78.《读柏拉图》,[德]T. A. 斯勒扎克著,程炜译　　　　　28.00 元

79.《苏联的心灵》,[英]I. 伯林著,潘永强、刘北成译　　　28.00 元

80.《个人印象》,[英]I. 伯林著,林振义译(即出)

第九批书目

81.《技术与时间:2. 迷失方向》,[法]B. 斯蒂格勒著,赵和平、印螺译

　　　　　　　　　　　　　　　　　　　　　　　　　25.00 元

82.《抗争政治》,[英]C. 蒂利著,李义中译　　　　　　　28.00 元

83.《亚当·斯密的政治学》,[英]D. 温奇著,褚平译　　　21.00 元

84.《怀旧的未来》,[美]S. 博伊姆著,杨德友译　　　　　38.00 元

85.《妇女在经济发展中的角色》,[丹]E. 博斯拉普著,陈慧平译 30.00 元

86.《风景与认同》,[英]W. J. 达比著,张箭飞、赵红英译　35.00 元

87.《过去与未来之间》,[美]H. 阿伦特著,王寅丽、张立立译 28.00 元

88.《大西洋的跨越》,[美]D. T. 罗杰斯著,吴万伟译　　　58.00 元

89.《资本主义的新精神》,[法]L. 博尔坦斯基、E. 希亚佩洛著,高铦译

　　　　　　　　　　　　　　　　　　　　　　　　　58.00 元

90.《比较的幽灵》,[美]B. 安德森著,甘会斌译　　　　　48.00 元

第十批书目

91.《灾异手记》,[美]I. 科尔伯特著,何恬译　　　　　　　25.00 元

92.《技术与时间:3.电影的时间与存在之痛的问题》,[法]B.斯蒂格勒著,方尔平译   32.00 元

93.《马克思主义与历史学》,[英]S.H.里格比著,吴英译(即出)

94.《马基雅维里时刻》,[英]J.G.A.波科克著,冯克利译(即出)

95.《宗教与巫术的衰落》,[英]K.托马斯著,李明、梅剑华译(即出)

96.《学做工》,[英]P.威利斯著,秘舒、凌旻华译(即出)

97.《后殖民理性批判》,[印]G.C.斯皮瓦克著,严蓓雯译(即出)

98.《现代社会想象》,[加]C.泰勒著,林曼红译(即出)

99.《哲学解释》,[美]R.诺齐克著,林南、乐小军译(即出)

100.《根本的恶》,[美]R.伯恩斯坦著,王钦、朱康译(即出)

有关"人文与社会译丛"及本社其他资讯,欢迎点击 www.yilin.com 浏览,对本丛书的意见和建议请反馈至 renwen@ yilin.com。